Conhecendo o orçamento de obras:
Como tornar seu orçamento mais real

Conhecendo o orçamento de obras:

Como tornar seu orçamento mais real

Fernanda Marchiori e Michele Tereza M. Carvalho

© 2019, Elsevier Editora Ltda.
Todos os direitos reservados e protegidos pela Lei 9.610 de 19/02/1998.
Nenhuma parte deste livro, sem autorização prévia por escrito da editora, poderá ser reproduzida ou transmitida sejam quais forem os meios empregados: eletrônicos, mecânicos, fotográficos, gravação ou quaisquer outros.

ISBN: 978-85-352-9076-9
ISBN (versão digital): 978-85-352-9077-6

Copidesque: Augusto Coutinho
Revisão tipográfica: Elaine Batista
Editoração Eletrônica: Thomson Digital

Elsevier Editora Ltda.
Conhecimento sem Fronteiras

Rua da Assembléia, n° 100 – 6° andar
20011-904 – Centro – Rio de Janeiro – RJ

Av. Doutor Chucri Zaidan, n° 296 – 23° andar
04583-110 – Brooklin Novo – São Paulo – SP

Serviço de Atendimento ao Cliente
0800 026 53 40
atendimento1@elsevier.com

Consulte nosso catálogo completo, os últimos lançamentos e os serviços exclusivos no site www.elsevier.com.br

Nota
Muito zelo e técnica foram empregados na edição desta obra. No entanto, podem ocorrer erros de digitação, impressão ou dúvida conceitual. Em qualquer das hipóteses, solicitamos a comunicação ao nosso serviço de Atendimento ao Cliente para que possamos esclarecer ou encaminhar a questão.

Para todos os efeitos legais, a Editora, os autores, os editores ou colaboradores relacionados a esta obra não assumem responsabilidade por qualquer dano/ou prejuízo causado a pessoas ou propriedades envolvendo responsabilidade pelo produto, negligência ou outros, ou advindos de qualquer uso ou aplicação de quaisquer métodos, produtos, instruções ou ideias contidos no conteúdo aqui publicado.

A Editora

CIP-BRASIL. CATALOGAÇÃO NA PUBLICAÇÃO
SINDICATO NACIONAL DOS EDITORES DE LIVROS, RJ

M265c

Marchiori, Fernanda
    Conhecendo o orçamento de obras : como tornar seu orçamento mais real / Fernanda Marchiori, Michele Tereza M. Carvalho. - 1. ed. - Rio de Janeiro : Elsevier, 2019.
    ; 24 cm.

    ISBN 978-85-352-9076-9

    1. Engenharia - Estimativas e despesas. 2. Construções civis - Orçamento. I. Carvalho, Michele Tereza M. II. Título.

19-55869
CDD: 692.5
CDU: 69:338.5

Vanessa Mafra Xavier Salgado - Bibliotecária - CRB-7/6644

Agradecimento

Expressamos nossos agradecimentos primeiramente a Deus pelo dom da vida, às nossas famílias pelo amor, às nossas instituições – UnB e UFSC – pelo apoio e oportunidade de trabalhar, ensinar e pesquisar sobre um tema fascinante: Engenharia de Custos.

Aos nossos mestres, professores e orientadores, pelos ensinamentos e incentivo para o nosso crescimento profissional e pessoal.

A todos os alunos que usufruíram das nossas aulas que foram a base para a elaboração desta obra.

Em especial aos nossos ex-orientandos Camila Borges Moreira de Lima e Alexandre David Felisberto que ajudaram na elaboração do Capítulo 10.

Aos colegas e profissionais que nos subsidiaram com informações e discussões sobre o tema aqui abordado: Cristine do Nascimento Mutti, Camila Kato, Denis Bertazzo Watashi, Régis Signor e Frederico Amorim Dacoregio.

E a todos que usarão esta publicação e que de alguma forma possam avançar seus conhecimentos a partir disto.

As Autoras

As autoras

Michele Tereza Marques Carvalho. Graduação em Engenharia Civil pela PUC-GO (2000), especialista em Planejamento Urbano e Ambiental pela Universidade Estadual de Goiás (2001), mestrado em Engenharia Civil pela Universidade Federal de Goiás (2005) e doutorado pela Universidade de Brasília (2009). Professora e pesquisadora da Universidade de Brasília (UnB) desde 2010, participa do Programa de Pós-Graduação em Estruturas e Construção Civil (PECC-UnB). Tem experiência na área de Engenharia Civil, com ênfase em Construção Civil, atuando principalmente nos seguintes temas: sustentabilidade, planejamento de grandes obras, sistema de gestão da qualidade, gestão ambiental, gestão de projetos e parques tecnológicos e de inovação. É autora artigos publicados em eventos e periódicos nacionais e internacionais. É orientadora de diversos trabalhos de conclusão de curso, mestrado e doutorado. Participa de diversos projetos de pesquisas vinculados ao tema de Custos. Atualmente suas linhas de pesquisas são: sustos, produtividade, gestão de riscos de contratos públicos, contratação pública, sustentabilidade e BIM.

Fernanda Fernandes Marchiori. Professora da Universidade Federal de Santa Catarina do Departamento de Engenheira Civil e do Programa de Pós-Graduação em Engenharia Civil. Graduação em Engenharia Civil pela Universidade Federal de Santa Maria (1995), mestrado em Engenharia Civil pela Universidade Federal de Santa Catarina (1998) e doutorado em Engenharia de Construção Civil e Urbana pela Universidade de São Paulo (2009). Trabalhou em projetos para atualização do banco de dados do SINAPI numa parceria Caixa Econômica Federal/FDTE/USP. Foi responsável pela edição da 12ª edição do TCPO/PINI. Participou de projetos de análise de custos do Ministério da Justiça/Governo Federal e prestou assessoria em análise de custos de obras de projetos FINEP. Atualmente desenvolve pesquisas nos temas: gestão da construção, sustentabilidade das edificações, orçamentação, modelagem de custos, planejamento, eficiência no uso dos recursos de material e mão de obra em canteiro e modelagem da informação aplicada à gestão de obras.

Apresentação

Conhecendo o orçamento de obras: Como tornar seu orçamento mais real

É irrefutável a importância da indústria da construção para a recuperação da economia nacional por sua alta envergadura de geração de empregos e de renda. Com isso os estudantes e profissionais de Engenharia necessitam aprofundar os conceitos relativos aos custos de um empreendimento.

Quem atua com engenharia de custos, como ocorre em outras áreas da construção, precisa de adequados conhecimentos e informações, além de estar em constante atualização.

Com esse intuito, este livro foi elaborado com o foco de apresentar alguns conceitos ainda não publicados em outros livros sobre orçamentação: (1) nova estrutura do SINAPI e SICRO; (2) custos de obras de infraestrutura conforme a normatização brasileira; além de (3) vincular a elaboração do orçamento com o processo da Modelagem da Informação da Construção ou BIM (Building Information Modelling).

Sabendo que o orçamento é o produto do processo de orçar e que este é fundamental para o atingimento dos objetivos de um empreendimento, esta obra foi estruturada para dar subsídios teóricos e práticos para seja possível elaborar e analisar o orçamento de um empreendimento, além de identificar a importância do monitoramento e do controle durante a sua execução.

Para completar, algumas dicas: (1) participe do processo de elaboração do projeto; (2) examine ao máximo o projeto, as condições, a localidade e os métodos construtivos; (3) faça simulações de métodos construtivos diferentes, de custos de equipamentos e alternativas para diminuir os custos na execução da obra; e (4) caso não possua a experiência e o conhecimento sobre como executar os serviços, procure o engenheiro de obra e converse com pessoas experientes no tipo de obra que você está orçando.

Por meio de um bom plano que disponibilize acesso a informações de todo o processo de um empreendimento, pode-se estimar de forma muito mais precisa seu custo total, apesar das grandes incertezas e dos riscos que a atividade apresenta.

Espera-se que esta publicação possa contribuir com o avanço do conhecimento na área de engenharia de custos para obras, além de fortalecer a cadeia produtiva da indústria da construção civil.

Desejamos um produtivo estudo e que os conceitos aqui trabalhados possam ser bem utilizados e amplamente difundidos!

Fernanda Marchiori

Michele Tereza M. Carvalho

Sumário

	Agradecimento	V
	As autoras	VII
	Apresentação	IX
Capítulo 1	Introdução: A importância do orçamento	1
Capítulo 2	Estimativas de custo	15
Capítulo 3	Projeto de norma de orçamento para infraestrutura	41
Capítulo 4	Operacionalizando um orçamento	65
Capítulo 5	Os manuais orçamentários	115
Capítulo 6	Encargos sociais e complementares	139
Capítulo 7	Custo horário de equipamentos	167
Capítulo 8	Benefícios e despesas indiretas	191
Capítulo 9	Curva ABC	213
Capítulo 10	Orçamento e o BIM	217
Capítulo 11	Sobrepreços e sobreprazos	249

Capítulo 1
Introdução: A importância do orçamento

1.1 Conceitos iniciais

A indústria da construção civil é composta por várias áreas que abrangem o segmento de materiais/insumos de construção, passando pela construção de edificações e construções pesadas (infraestrutura), e terminando pelos diversos serviços de venda/aluguel/manutenção de imóveis e serviços técnicos de construção (elaboração de projetos, laboratórios, normas técnicas etc.).

Esta indústria é, sem dúvida, uma das mais relevantes para o crescimento do país, seja pela sua característica de proporcionar habitações à população, seja pelo desenvolvimento por meio das obras de infraestrutura, ou pelo seu histórico papel de acolher profissionais com vários níveis de formação, inclusive sem instrução básica. Ou seja, ela pode possibilitar melhorias na qualidade de vida das pessoas, além de gerar emprego e renda. Observa-se que a construção civil ajudou a incentivar a economia em muitos períodos da história do país.

Por outro lado, esta Indústria também é conhecida pelas suas ineficiências, pelos seus números de desperdício, de atraso na entrega dos produtos, da necessidade de aditivos contratuais em termos de prazo e custo, além de inúmeras patologias construtivas fruto de deficiências da qualidade.

As empresas de construções de edificações e/ou pesadas possuem, pelo menos, duas atividades distintas: o gerenciamento da organização com seus respectivos departamentos, que envolve a contabilidade da empresa; e a gestão do projeto, isto é, o empreendimento propriamente dito, e, dentro deste, a obra.

Esta segunda atividade, em termos de custo, difere da contabilidade geral da organização, pois refere-se ao valor que será gasto para construir e gerir o empreendimento. Além de conhecer este valor, se torna essencial determinar qual será o preço de venda deste projeto, para que dessa forma a organização tenha lucro para se manter e continuar a empreender em novos projetos.

Por isso, é de fundamental importância que os graduandos em engenharia civil e áreas afins tenham conhecimento dos fatores que podem alterar o custo final do seu orçamento, possibilitando a tomada de uma decisão consciente do custo que está sendo gerado nas planilhas orçamentárias quanto ao valor a ser aceito ou criticado/mudado.

Mesmo em obras mais simples, na construção de uma única edificação residencial unifamiliar, o proprietário frequentemente deseja saber: quanto custará? Em que fase necessitarei de um maior aporte financeiro? Terei condições financeiras de acabar a obra? Em quais serviços ou elementos da obra poderia se reduzir o custo?

De qualquer forma, é fundamental que se elabore o documento chamado "orçamento", nele estarão as respostas para as perguntas anteriores.

Quando se pensa em empreender, uma construção independente, quer seja de pequeno ou de grande porte; ou uma obra de edificação ou construção pesada, com cliente público ou privado, com prazo curto ou longo de execução, o custo tem uma especial importância, pois esta não deixa de ser uma atividade econômica, através da qual se pretende obter lucro. É por meio do orçamento que se pode chegar ao custo previsto para o empreendimento.

O orçamento contém a discriminação dos diversos serviços que irão compor a obra, suas quantidades e o custo unitário de execução. O orçamento contém o custo de cada uma das partes da obra, tal custo é obtido a partir de projetos, memoriais, análises *in loco*, entendimento do contexto, tempo e local em que se dará a construção.

Baeta (2012) conceitua **custo** tudo aquilo que onera o construtor; representa os gastos com insumos, mão de obra acrescidos das leis sociais, materiais e operação de equipamentos. **Preço** é o valor final, isto é, de venda, pago ao contratado pelo contratante, é o "custo acrescido do lucro e despesas indiretas" que, em conjunto com os custos diretos, formam o orçamento.

O ramo da engenharia que estuda os custos é a Engenharia de Custos, que segundo Dias (2011) é onde os princípios, normas, critérios e experiência são utilizados para resolução de problemas de estimativa de custos, orçamentação, avaliação econômica, de planejamento e de gerência e controle de empreendimentos.

Porém, a utilidade do orçamento vai muito além do simples fato de se chegar a um custo total para a obra. A partir do orçamento pode-se responder a perguntas como: Qual material deve ser adquirido, quando e em qual quantidade? Quantas pessoas são necessárias nas equipes? Quanto está previsto que se produza por dia? Quanto deve-se pagar pelo serviço feito por esta equipe? Vale à pena utilizar a grua nesta obra ao invés do transporte por elevador? Qual é a produtividade esperada para as equipes no canteiro? Ou seja, o orçamento permite que se tenham documentadas as informações que irão balizar todo o processo gerencial do empreendimento. Estas informações são essenciais para o planejamento e para o monitoramento e controle da obra.

Dentre as informações oriundas do orçamento, podem-se citar: o orçamento deve contemplar o escopo dos serviços a serem feitos (esse escopo é a base de contratação do empreendimento), é a partir do orçamento que se tem uma estrutura de atividades que irão compor o planejamento da obra e ainda, no orçamento, tem-se o custo previsto para os serviços, os quais servem de base para o controle dos custos a ser feito na obra.

De acordo com Baeta (2012) e Mattos (2006), são características de um orçamento de obras: (1) especificidade, parte do princípio que cada projeto (empreendimento) é único, logo cada orçamento também o será; (2) temporalidade, os valores e a evolução do desenvolvimento das documentações e plantas variam com o tempo; (3) aproximação, o processo de orçamentação é baseado em previsões (prognósticos), durante a sua elaboração existem várias incertezas intrínsecas, por exemplo, no uso de determinada produtividade que pode ou não ser a realidade na fase de execução.

Ao se analisar o manual de gerenciamento de projetos do PMI (2017) na publicação PMboK percebe-se que na área de conhecimento "gerenciamento de custos" são apresentados processos para as etapas de planejamento, monitoramento e controle dos custos. Na etapa de planejamento dos custos, considera-se primeiro a estimativa do custo para depois a sua orçamentação. Ou seja, quando se trata de um projeto ainda nas fases iniciais de desenvolvimento, é necessário que se estime seu custo (com base em dados paramétricos); à medida que se têm mais informações e detalhamentos do projeto, é possível orçá-lo (com base em quantificação). À medida que o projeto evolui, mais detalhado se torna o processo de estimar custos, ou seja, quanto maior o detalhamento do projeto, melhor é o prognóstico do custo, mais próximo do custo real. O processo de orçamentação é um processo dinâmico e iterativo, podendo ser um dado de entrada como um de saída à medida que há evolução no processo de desenvolvimento dos projetos (*design*). Como exemplo, pode-se citar o orçamento visto como entrada no processo de definição do produto a ser construído: se o custo levantado foi além do que era esperado pelos investidores; o orçamento pode balizar os itens que deverão ter os custos revistos, tipicamente, fazem-se alterações nas especificações de produtos visando a redução de custo. O orçamento é visto como um dado de saída quando este é usado como base de uma licitação de construção de uma obra pública.

Já na etapa de monitoramento e controle, o Guia PmBok (PMI, 2017) enfatiza a necessidade de controlar os custos. Pode-se numerar alguns aspectos importantes desta tarefa:
1. Caraterísticas de temporalidade e aproximação
2. O processo de construir é sujeito a imprevistos e mudanças
3. O custo é um dos elementos mais usados para medir o sucesso de projeto (empreendimento)

É importante enfatizar que os critérios "custo", "tempo" e "qualidade" são tradicionalmente utilizados em empreendimentos de construção civil para medir o sucesso com que os objetivos do projeto foram alcançados, formando juntos o "triângulo de ferro" (ATKINSON, 1999).

Por isso torna-se tão importante o uso do orçamento como ferramenta gerencial para o acompanhamento e controle, podendo o orçamento ser atualizado e revisado em busca de melhores resultados.

1.2 Correlação entre as etapas do processo de projeto e processo de orçamentação

Para que o orçamento possa ser elaborado, o orçamentista precisa ter em mãos alguns documentos. O principal deles é o projeto: é necessário que se tenham as pranchas ou modelagem de todos os projetos a serem utilizados na construção: arquitetônico, estrutural, de instalações hidrossanitárias, elétricas, proteção contra descargas atmosféricas, de prevenção contra incêndios, mecânica, ar-condicionado, elevador, ventilação, lógica, paisagismo, dentre outros, além dos seus respectivos memoriais descritivos.

Contudo, sabe-se que grande parte dos projetos ainda não está na sua versão final (para execução) quando se necessita ter uma noção de quanto o empreendimento vai custar; é aconselhável elaborar orçamentos para conhecer os custos, ainda que menos precisos, mesmo nas fases iniciais do empreendimento, quando ainda não se tem projetos finalizados.

Tas e Yaman (2005) alertam que se o orçamento for acompanhado paralelamente a cada fase do empreendimento, informações poderão ser fornecidas a fim de gerar oportunidades para os projetos, que serão, desta forma, elaborados em concordância com os objetivos de custo previamente estipulados. Ou seja, o orçamento pode guiar a tomada de decisão quanto aos projetos; se o custo está muito fora do previsto, podem ser revistas especificações de materiais por exemplo, para outros de valores mais baixos que os inicialmente previstos.

Portanto, várias versões de orçamento são necessárias até que se chegue ao orçamento final da edificação, isto está ilustrado na Figura 1.1.

Na Figura 1.1 está representada a ideia de que distintas fases de projeto exigem propósitos diferentes do orçamento. É importante

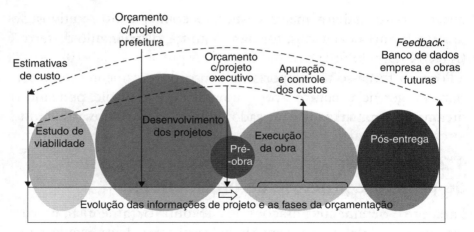

FIGURA 1.1. Fases do projeto e do orçamento.
Fonte: Adaptado de Marchiori (2009).

que o orçamentista e a empresa que irá executar a obra tenham em mente que a precisão deste orçamento é proporcional ao grau de detalhamento dos projetos.

Já a AACE (American Association of Cost Engineers) na International Recommended Practice 17R-97 (2011) classifica as classes de estimativas a partir das etapas do processo projeto, descritas a seguir:

• A etapa de planejamento do negócio, com nível de precisão das informações entre 0 e 2%, onde prepara-se o plano preliminar do negócio, estuda-se o mercado e se analisa a viabilidade inicial do empreendimento, tem estimativa de custo classificado na Classe 5. Que são estimativas genéricas devido as informações limitadas, rápidas e que demandam pouco esforço para sua elaboração. O grau de precisão varia de −20 a −50% e de +30 a +100%.

• A etapa conceitual, com precisão das informações de 1 a 15%, onde detalha-se a estratégica de negócio, confirma a viabilidade econômica e/ou técnica do projeto, enquadra-se na Classe 4. Ainda são estimativas genéricas com informações limitadas com amplos intervalos de precisão. As variações são de −15 a −30% e +20 a +50%.

• Na etapa de projeto básico, com precisão de 10 a 40% das informações, são realizadas as solicitações completas de financiamento de projetos e a primeira das estimativas do controle na fase do

projeto onde todos os custos e recursos reais serão monitorados quanto a variações no orçamento. É nesta fase que a estimativa é substituída pelo orçamento, Classe 3. A precisão é de –10 a –20% e +10 a 30%.
• Na etapa de execução, precisão de 30 a 75%, há os projetos básicos e os projetos executivos onde se controla as variações do orçamento a partir das mudanças no programa de gerenciamento da obra. Esta fase é de Classe 2, com precisão –5 a –15% e +5 a +20%.
• Na etapa de pré-operação, com precisão de 65 a 100%, checa-se o valor de venda, contratações de subcontratados, e é usada para negociação de *claims* e disputas de resoluções. Catalogada como Classe 1, tem precisão de –3 a –10% e +3 a +15%.

1.3 Orçamento × contrato

Alguns aspectos contratuais têm impactos e consequências no orçamento de empreendimentos, podendo-se citar: (1) regime de execução; (2) tipo de contratação; (3) prazo e cláusulas de reajuste contratual; e (4) requisitos ambientais e de sustentabilidade.

1.3.1 Regime de execução/remuneração

Regime de execução é a maneira pela qual a execução de uma obra será aferida, medida e paga.

O regime de execução impacta no preço final da obra, pois a execução contratual influencia na diferenciação do risco e consequência no BDI (Bonificação e Despesas Indiretas) que irá incidir sobre os custos para a formação do preço de venda.

Explorando de forma resumida os regimes de execução, utilizados no Brasil, tanto para obras públicas como para obras privadas, têm-se:

Empreitada por preço unitário

Entende-se por empreitada por preço unitário quando se contrata a execução da obra ou do serviço por preço certo de unidades determinadas. O preço total é a adição de todos os resultados parciais, isto é a soma de todos os custos unitários, que por sua vez, é a quantidade multiplicada pelo custo unitário de cada insumo.

Os serviços são remunerados pelas quantidades efetivamente executadas e aferidas. Exige rigor nas medições dos serviços e acompanhamento dos serviços e apresenta menor risco para o construtor, na medida em que ele não assume risco quanto aos quantitativos de serviços. Os empreendimentos podem ser contratados por este regime se os projetos têm um grau de detalhamento menor.

O preço final do contrato é incerto, baseado em estimativa de quantitativos que podem variar durante a execução, é comum a necessidade de aditivos, para inclusão de novos serviços ou alteração dos quantitativos dos serviços contratuais, exigindo que as partes renegociem preços unitários quando ocorrem alterações relevantes dos quantitativos contratados.

Empreitada global

É quando se contrata a execução da obra ou do serviço por preço certo e total, os serviços são remunerados de acordo com as etapas concluídas no cronograma.

Durante a execução das obras, os critérios de medição para fins de pagamento são mais simples, feitos somente após a conclusão de um serviço ou etapa, pois seus quantitativos são pouco sujeitos a alterações. Como o construtor assume os riscos associados aos quantitativos de serviços, o valor global do contrato tende a ser superior se comparado com o regime de preços unitários.

Tem a tendência de haver maior percentual de riscos e imprevistos na taxa de BDI e o projeto exige um elevado grau de detalhamento dos serviços.

Há a necessidade de solicitações de aditivos contratuais, caso ocorram eventuais modificações de projeto, alterações de quantitativos e/ou existências de situações imprevisíveis.

Empreitada integral

Contratação da engenharia (tecnologia, soluções e projetos), do fornecimento e da construção, com a entrega em pleno funcionamento (*turn key*) e a preços certos e totais (*lump sum*).

O preço final do contrato tende a ser mais elevado, pois o construtor assume riscos diversos: geológico, hidrológico, da performance do empreendimento e de desempenho dos equipamentos; e o preço final do contrato também é mais elevado devido à necessidade de o construtor gerenciar o empreendimento como um todo.

O empreendimento é entregue pronto para operação, com isso o proprietário da obra tem garantias sobre o desempenho/funcionamento do projeto, porém há a necessidade de claras definições das responsabilidades pela perfeita execução contratual.

Por administração contratada

Cobra-se uma taxa de administração sobre os custos gerais da obra, este percentual, é previamente acordado e aplicado mensalmente sobre os gastos com a obra. Pode ser acordado como uma remuneração fixa ou percentual sobre o custo. Cabe ao contratante toda a responsabilidade econômica e financeira do projeto.

Deve-se tomar o cuidado, para não haver duplicidade de tributos, as compras de materiais e contratação de subempreiteiros devem ser faturadas em nome do contratante.

Atualmente a Lei de Licitações (8666/93) não permite a contratação por administração para execução de obras públicas.

Pode incluir reembolsos de determinados gastos e pagamentos fixos para certos itens de custo.

Ainda, usa-se o sistema misto, parte pago por preço unitário e parte por administração ou pelo sistema de reembolso.

Permite-se ainda estabelecimento de metas de prazos e de gastos com prêmios ou multas para o alcance destas metas.

Ainda pode haver regimes de execução mistos, onde parte do projeto refere-se a um regime e outra parte a outro regime.

Na fase de planejamento e elaboração do orçamento, entende-se que para todos os regimes descritos há a necessidade e a importância de gerenciar os riscos, por meio de uma matriz de riscos entre as partes, esta matriz tem por objetivo precificar a taxa de contingência que irá influenciar ou para mais ou para menos no BDI.

Já na fase de execução do projeto/empreendimento e controle do orçamento torna-se essencial o monitoramento destes riscos que podem ser alterados durante esta fase.

1.3.2 Tipo de contratação

Podem ser empreitadas de mão de obra e/ou empreitada de material e mão de obra.

A primeira, como o próprio termo, refere-se à contratação apenas da mão de obra, isto é, do resultado do trabalho, ficando os materiais por conta do contratante. Difere-se de locação de serviço, que é o trabalho propriamente dito.

No segundo caso o empreiteiro é responsável pelo fornecimento dos materiais, pela qualidade da execução, prazos e pela segurança da obra e pela garantia dos serviços.

1.3.3 Prazo

O prazo pode influenciar o orçamento em três aspectos, sendo: (1) obras com ritmo acelerado; (2) obras longas, isto é, um prazo de execução extenso; e (3) cláusulas de reajustes e cláusulas específicas de obrigações e diretos.

Em obras com ritmo acelerado há um aumento de mão de obra e de equipamentos, além de trabalhos em vários turnos e pagamentos de horas extras, porém existe uma redução dos custos referentes a manutenção do canteiro de obras, como contas de água, energia, internet etc.

Em obras com prazo de execução extenso tem-se um aumento dos custos de mobilização, instalação e manutenção do canteiro de obras, além da extensão dos custos de administração local, por exemplo, salário do engenheiro, mestre de obras etc.

A cláusula de reajuste contratual prevê a possibilidade de reacerto após 12 meses de contrato, com base nesta informação o orçamento deve ser reajustado com as mesmas taxas descritas nesta cláusula. Conforme Baeta (2012), um contrato com a cláusula de reajuste tende a ser contratado por um preço de venda inferior ao caso de um contrato sem esta cláusula, neste caso, o contratante poderá embutir uma expectativa de variação de preço durante a execução da obra.

Outras cláusulas que podem impactar no custo, tanto para mais ou para menos no preço final, devem ser analisadas pelo orçamentista. Ressaltando a importância e a necessidade de estudar o contrato antes da elaboração do orçamento de um empreendimento.

1.3.4 Requisitos ambientais e de sustentabilidade

Segundo a Resolução CONAMA nº 237/1997, o licenciamento ambiental é obrigatório em todos os empreendimentos de obras civis, sendo a licença ambiental o documento, com prazo definido, que "estabelece as condições, restrições e medidas de controle ambiental (compensações) que devem ser obedecidas para localizar, instalar, ampliar e operar tais empreendimentos".

Com base estas condições, restrições e compensações podem impactar e influenciar o orçamento de um empreendimento.

Outro aspecto se refere as exigências contratuais de certificações ambientais, tais como: LEED, AQUA, BREEAM entre outras. Para obter tais certificações há requisitos que impactam nas especificações dos materiais, nos processos construtivos, na gestão dos resíduos e além de aspectos da manutenção do canteiro. Estas condições devem ser analisadas, estudadas e as suas consequências consideradas no orçamento e no preço final da obra.

1.4 Responsabilidade técnica na elaboração do orçamento

O orçamento deve ser elaborado por um profissional habilitado para a atividade. O exercício do profissional de engenharia civil é regulamentado por leis e resoluções.

Seguem as leis e resoluções que regem as responsabilidades técnicas na elaboração do orçamento referente a **Obrigatoriedade/Nulidade** na elaboração da Lei 5194/1966, nos seguintes artigos:

"Art. 13. Os estudos, plantas, projetos, laudos e qualquer outro trabalho de engenharia, de arquitetura e de agronomia, quer público, quer particular, somente poderão ser submetidos ao julgamento das autoridades competentes e só terão valor jurídico quando seus autores forem profissionais habilitados de acordo com esta lei.

Art. 14. Nos trabalhos gráficos, especificações, orçamentos, pareceres, laudos e atos judiciais ou administrativos, é obrigatória além da assinatura, precedida do nome da empresa, sociedade, instituição ou firma a quem interessar, a menção explícita do título do profissional que os subscreve e do número da carteira referida no art. 56.

Art. 15. São nulos de pleno direito os contratos referentes a qualquer ramo da engenharia, arquitetura ou da agronomia, inclusive a elaboração de projeto, direção ou execução de obras, quando firmados por entidade pública ou particular com pessoa física ou jurídica não legalmente habilitada a praticar a atividade nos termos desta lei."

Sendo, assim, possível a identificação do profissional responsável pelo sobrepreço e/ou superfaturamento.

Sobre a obrigatoriedade de emissão de ART (Anotação de Responsabilidade Técnica) tem-se a Resolução 1025/2009 no Art. 2º: A ART é o instrumento que define, para os efeitos legais, os responsáveis técnicos pela execução de obras ou prestação de serviços relativos às profissões abrangidas pelo Sistema Confea/Crea.

Para fins de licitações públicas, conforme os documentos Acórdão TCU 2029/2008 e Súmula nº 260, é dever do gestor exigir a ART para orçamentos e composições unitárias.

Sobre Danos financeiros e/ou morais, tem-se o Código de ética profissional Resolução nº 1002/2002, no seguinte capítulo:

6. DAS CONDUTAS VEDADAS. Art. 10. No exercício da profissão, são condutas vedadas ao profissional:

I - Ante ao ser humano e a seus valores:

c) Prestar de má-fé orientação, proposta, prescrição técnica ou qualquer ato profissional que possa resultar em danos às pessoas ou a seus bens patrimoniais. [...]

III - Nas relações com os clientes, empregadores e colaboradores:

c) Usar de artifícios ou expedientes enganosos para a obtenção de vantagens indevidas, ganhos marginais ou conquista de contratos.

Como base neste artigo o profissional pode ser indiciado por danos materiais e morais.

Não se pode esquecer, ainda, na responsabilidade penal, conforme descritos no Código Penal Brasileiro, em caso, de Crime de Peculato (art. 312) e Crime de Falsidade Ideológica (art. 299).

1.5 Exercícios

1. Discorra sobre os tipos de contratos e a sua influência no processo de orçamentação.

2. Discorra sobre os tipos de contratos e a sua influência no processo de controle dos custos orçamentários.

3. Correlacione as fases de desenvolvimento do projeto com o grau de precisão dos orçamentos. Identificando as diferenças entre os tipos de orçamentos para finalidade e propósito, tipo e qualidade das informações.

4. Imagine que a sua empresa foi contratada para fazer o orçamento de um empreendimento. Cite quais serão as informações de que você necessitará levantar para que este orçamento seja o mais fiel possível ao que irá efetivamente ocorrer durante a obra.

Referências

AACE International. (2011) AACE International recommended practice nº 17 R-97 Cost estimate classification system. AACE International, Morgantown, WV.

Atkinson, R. (1999) Project management: cost, time and quality, two best guesses and a phenomenon, it's time to accept other success criteria. International Journal of Project Management, 17(6):337-342.

Baeta A.P.P. (2012) Orçamento e controle de preços em obras públicas. São Paulo: Editora Pini.

Brasil. (1940) Decreto-Lei no 2.848, de 7 de dezembro de 1940. Código Penal.

Brasil. (1993) Lei no 8.666, de 21 de junho de 1993. Regulamenta o art. 37, inciso XXI, da Constituição Federal, institui normas para licitações e contratos da Administração Pública e dá outras providências.

Brasil. (2011) Lei no 12.462, de 4 de agosto de 2011. Institui o Regime Diferenciado de Contratações Públicas – RDC.

Brasil. (1966) Lei no 5.194, de 24 de dezembro de 1966. Regula o exercício das profissões de Engenheiro, Arquiteto e Engenheiro-agrônomo, e dá outras providências.

Brasil (2008) Tribunal de Contas da União. Acórdão TCU 2029/2008 de 17 de setembro de 2008. Brasilía, DF: TCU.

Brasil. (2009) Conselho Federal de Engenharia e Agronomia. Resolução no 1.025, de 30 de outubro de 2009. Dispõe sobre a Anotação de Responsabilidade Técnica e o Acervo Técnico Profissional, e dá outras providências.

Dias, P.R.V. (2011) Engenharia de Custos: metodologia de orçamentação para obras civis. 9ª ed. Rio de Janeiro.

Marchiori, F.F. (2009) Desenvolvimento de um método para elaboração de redes de composições de custo para orçamentação de obras de edificações. São Paulo. Tese [Doutorado] – Escola Politécnica, Universidade de São Paulo.

Brasil. (1997) Ministério do Meio Ambiente, Conselho Nacional do Meio Ambiente (CONAMA). Resolução no 237, de 19 de dezembro de 1997.

PMI (Project Management Institute). (2017) Um Guia do Conhecimento em Gerenciamento de Projetos (Guia PMBOK). 6ª Edição. Newtown Square: PMI.

Tas, E.; Yaman, H. (2005) A building cost estimation model based on cost significant work packages. Engineering Construction and Architectural Management. Emerald Group Publishing Limited, v. 12, n.3, p. 251-263.

Capítulo 2
Estimativas de custo

Conforme vimos no Capítulo 1, nas fases iniciais de um empreendimento, quando ainda não se tem os projetos completos, faz-se necessário conhecer os custos atrelados a um partido arquitetônico, mesmo que sem detalhamentos, a fim de se ter uma ideia de quanto o empreendimento irá custar.

De acordo com a NBR 14653-2: Avaliação de Bens – Parte 2 (ABNT, 2011) existem duas formas de se avaliarem os custos de obra:
- Uma que parte da quantificação dos serviços nos projetos, os quais são multiplicados pela produtividade das composições de custo, obtendo-se a quantidade necessária de cada insumo e multiplicando pelo seu preço unitário (esta forma será detalhada no Capítulo 4); e
- Outra em que se estimam os custos por meio da comparação de parâmetros entre projetos novos com o custo de projetos anteriores, de custos conhecidos.

Os autores da área de custos apresentam diferentes visões para ambos os métodos. Limmer (2013) classifica em métodos de quantificação e métodos de correlação, já Mattos (2016) diz que o orçamento é um método determinístico e que as estimativas são métodos probabilísticos. Contudo, para poder orçar é necessário estar de posse dos projetos completos, o que nem sempre é possível em fases iniciais do projeto, é aí que podem ser usadas as estimativas de custo.

De acordo com Dacoregio (2017), os métodos de correlação consistem em estabelecer relações de dependência entre custos e parâmetros físicos conhecidos de um grupo representativo de projetos; posteriormente estas relações são extrapoladas para novos projetos, cujos parâmetros físicos são conhecidos e os custos se desejam estimar. Ainda segundo ele, a precisão desses métodos depende da quantidade e qualidade dos dados utilizados para elaborar as correlações, assim como o tempo necessário para elaborar tais correlações e para efetuar uma nova estimativa, depende do método escolhido e do grau de precisão desejado.

A estimativa pode ser feita utilizando alguns métodos a partir de dados históricos de custo, dentre os quais destacam-se: custo unitário básico (CUB); sistema nacional de índices e preços da construção (Sinapi); custo unitário geométrico (CUG); regressão; raciocínio baseado em casos (RBC); redes neurais artificiais (RNAS). Devido à importância dos dois primeiros métodos para o contexto da construção nacional, estes serão detalhados a seguir.

2.1 Custo Unitário Básico (CUB)

O Custo Unitário Básico, indicador de custos de construção conhecido pela sua sigla CUB, foi criado em 1964 pela Associação Brasileira de Normas Técnicas (ABNT) para sanar a necessidade de uma metodologia para cálculo de custos unitários de construção. Foi então elaborada a NB 140 (ABNT, 1965), que definiu o imóvel, fixou as condições exigíveis para a avaliação de custos unitários e o preparo de orçamentos de construção para a incorporação de edifício em condomínio. Acreditava-se que se fosse estabelecido um custo unitário para a construção, ter-se-iam critérios para limitação dos preços. Em época de inflação no Brasil, a indexação dos custos para manutenção de contratos era especialmente importante.

De acordo com Schmitt (1995), em 1990 a ABNT criou uma comissão para redigir um novo texto que viesse a corrigir as falhas apontadas pelos diversos segmentos que lidavam com a NB 140 (ABNT, 1965), o qual foi chamado NBR 12.721 (ABNT, 1992). Neste, eram estabelecidas as condições exigíveis à avaliação de custos unitários e preparo de orçamento de construção para incorporação de edifícios em condomínio. Tratava inicialmente de prédios habitacionais e posteriormente, em 1999 veio a incorporar critérios para os prédios comerciais, galpões industriais e casa popular. Na versão desta norma do ano de 2006, em vigor no momento, constam dezesseis projetos diferentes, considerando padrões de acabamento baixo, normal e alto, resultando em 19 CUBs distintos. Desde então, além de ser um índice para representar a evolução de preços no setor, o CUB ponderado assumiu o papel de referência mensal para o custo do metro quadrado de construção até os dias de hoje.

De acordo com a NBR 12721 (ABNT, 2006) o CUB representa o custo unitário por metro quadrado de construção para uma tipologia específica de obra. O custo aproximado obtido pelo método do CUB é calculado por comparações de variáveis geométricas e de especificações entre o projeto-padrão da norma do CUB e o projeto a ser incorporado. As características principais dos projetos-padrão do CUB encontram-se na Tabela 2.1.

Portanto, se você precisar estimar o custo de construção de um prédio de interesse social, por exemplo, é mais adequado utilizar o CUB_{PIS} do que o CUB ponderado.

O CUB ponderado é o indicador de mercado que não se refere a uma edificação especificamente, mas sim é resultante da ponderação dos outros CUBs, este CUB ponderado é o que comumente é noticiado na mídia informal (por exemplo, houve um significativo aumento do CUB no último mês; este CUB se refere ao ponderado).

Além de possuir a definição das características físicas do projeto padrão, apresentadas na Tabela 2.1, a NBR 12721 (ABNT, 2006) traz também considerações sobre os acabamentos adotados na composição dos orçamentos dos projetos-padrão residenciais, sendo estes definidos como de padrão alto, normal e baixo.

2.1.1 O cálculo do indicador do CUB

O Sindicato da Indústria da Construção (Sinduscon) de cada estado brasileiro calcula mensalmente o seu CUB para cada projeto-padrão, levando em conta o preço dos insumos coletados para aquela região. Constam deste cálculo os lotes básicos de materiais, mão de obra, despesas administrativas e equipamentos. Os lotes básicos fornecem as quantidades de insumos (materiais, mão de obra, despesas administrativas e equipamentos) por metro quadrado de construção, oriundos do levantamento de quantitativos obtidos nos projetos-padrão. A NBR 12.721 (ABNT, 2006) cita que estas quantidades dos insumos foram extraídas do agrupamento de todos os insumos em famílias cujos itens são correlatos, isto quer dizer que, por exemplo, se temos vários tipos de areia numa obra, somente

TABELA 2.1. Características principais dos projetos-padrão do CUB

Tipo de edificação		Sigla	Compartimentos	Área real (m²)	Área equivalente (m²)
Residência unifamiliar	Residência padrão baixo	R1-B	Residência composta de dois dormitórios, sala, banheiro, cozinha e área para tanque	58,64	51,94
	Residência padrão normal	R1-N	Residência composta de três dormitórios, sendo uma suíte com banheiro, banheiro social, sala, circulação, cozinha, área de serviço com banheiro e varanda (abrigo para automóvel)	106,44	99,47
	Residência padrão alto	R1-A	Residência composta de quatro dormitórios, sendo uma suíte com banheiro e closet, outro com banheiro, banheiro social, sala de estar, sala de jantar e sala íntima, circulação, cozinha, área de serviço completa e varanda (abrigo para automóvel)	224,82	210,44
Residência popular		RP1Q	Residência composta de um dormitório, sala, banheiro e cozinha	39,56	39,56
Residência multifamiliar	Projeto de interesse social	PIS	Pavimento térreo e quatro pavimentos-tipo. No térreo: Hall, escada e quatro apartamentos por andar, com dois dormitórios, sala, banheiro, cozinha e área de serviço. Na área externa estão localizados o cômodo da guarita, com banheiro e central de medição. No pavimento-tipo: Hall, escada e quatro apartamentos por andar, com dois dormitórios, sala, banheiro, cozinha e área de serviço	991,45	978,09

Estimativas de custo 19

Prédio popular Padrão baixo	PP – B	Pavimento térreo e três pavimentos-tipo Pavimento térreo: Hall de entrada, escada e quatro apartamentos por andar com dois dormitórios, sala, banheiro, cozinha e área de serviço. Na área externa estão localizados o cômodo de lixo, guarita, central de gás, depósito com banheiro e 16 vagas descobertas Pavimento-tipo: Hall de circulação, escada e quatro apartamentos por andar, com dois dormitórios, sala, banheiro, cozinha e área de serviço	1.415,07	927,08
Prédio popular Padrão normal	PP – N	Garagem, pilotis e quatro pavimentos-tipo. Garagem: Escada, elevadores, 32 vagas de garagem cobertas, cômodo de lixo, depósito e instalação sanitária Pilotis: Escada, elevadores, hall de entrada, salão de festas, copa, dois banheiros, central de gás e guarita Pavimento-tipo: Hall de circulação, escada, elevadores e quatro apartamentos por andar, com três dormitórios, sendo uma suíte, sala de estar/jantar, banheiro social, cozinha, área de serviço com banheiro e varanda	2.590,35	1.840,45
R8 – Padrão baixo	R8 – B	Pavimento térreo e sete pavimentos-tipo Pavimento térreo: Hall de entrada, elevador, escada e quatro apartamentos por andar, com dois dormitórios, sala, banheiro, cozinha e área para tanque. Na área externa estão localizados o cômodo de lixo e 32 vagas descobertas Pavimento-tipo: Hall de circulação, escada e quatro apartamentos por andar, com dois dormitórios, sala, banheiro, cozinha e área para tanque	2.801,64	1.885,51

(Continua)

TABELA 2.1. Características principais dos projetos-padrão do CUB   (Cont.)

Tipo de edificação	Sigla	Compartimentos	Área real (m²)	Área equivalente (m²)
R8 – Padrão Normal	R8 – N	Garagem, pilotis e oito pavimentos-tipo Garagem: Escada, elevadores, 64 vagas de garagem cobertas, cômodo de lixo, depósito e instalação sanitária Pilotis: Escada, elevadores, hall de entrada, salão de copa, dois banheiros, central de gás e guarita Pavimento-tipo: Hall de circulação, escada, elevadores e quatro apartamentos por andar, com três dormitórios, sendo uma suíte, sala estar/jantar, banheiro social, cozinha, área de serviço com banheiro e varanda	5.998,73	4.135,22
R8 – Padrão alto	R8 – A	Garagem, pilotis e oito pavimentos-tipo Garagem: Escada, elevadores, 48 vagas de garagem cobertas, cômodo de lixo, depósito e instalação sanitária Pilotis: Escada, elevadores, hall de entrada, salão de festas, salão de jogos, copa, dois banheiros, central de gás e guarita Pavimento tipo: Halls de circulação, escada, elevadores e dois apartamentos por andar, com quatro dormitórios, sendo uma suíte com banheiro e closet, outro com banheiro, banheiro social, sala de estar, sala de jantar e sala íntima, circulação, cozinha, área de serviço completa e varanda	5.917,79	4.644,79

Estimativas de custo 21

R16 – Padrão normal	R16 – N	Garagem, pilotis e 16 pavimentos-tipo Garagem: Escada, elevadores, 128 vagas de garagem cobertas, cômodo de lixo, depósito e instalação sanitária Pilotis: Escada, elevadores, hall de entrada, salão de festas, copa, dois banheiros, central de gás e guarita Pavimento-tipo: Hall de circulação, escada, elevadores e quatro apartamentos por andar, com três dormitórios, sendo uma suíte, sala de estar/jantar, banheiro social, cozinha e área de serviço com banheiro e varanda	10.562,07	8.224,50
R16 – Padrão alto	R16 – A	Garagem, pilotis e 16 pavimentos-tipo Garagem: Escada, elevadores, 96 vagas de garagem cobertas, cômodo de lixo, depósito e instalação sanitária Pilotis: Escada, elevadores, hall de entrada, salão de festas, salão de jogos, copa, dois banheiros, central de gás e guarita Pavimento tipo: Halls de circulação, escada, elevadores e dois apartamentos por andar, com quatro dormitórios, sendo uma suíte com banheiro e closet, outro com banheiro, banheiro social, sala de estar, sala de jantar e sala íntima, circulação, cozinha, área de serviço completa e varanda	10.461,85	8.371,40

(Continua)

TABELA 2.1. Características principais dos projetos-padrão do CUB (Cont.)

Tipo de edificação		Sigla	Compartimentos	Área real (m^2)	Área equivalente (m^2)
Edificação comercial (padrões normal e alto)	Comercial Salas e lojas	CSL – 8	Garagem, pavimento térreo e oito pavimentos-tipo Garagem: Escada, elevadores, 64 vagas de garagem cobertas, cômodo de lixo, depósito e instalação sanitária Pavimento térreo: Escada, elevadores, hall de entrada e lojas Pavimento tipo: Halls de circulação, escada, elevadores e oito salas com sanitário privativo por andar	5.942,94	3.921,55
	Comercial Salas e lojas	CSL –16	Garagem, pavimento térreo e 16 pavimentos-tipo Garagem: Escada, elevadores, 128 vagas de garagem cobertas, cômodo de lixo, depósito e instalação sanitária Pavimento térreo: Escada, elevadores, hall de entrada e lojas Pavimento-tipo: Halls de circulação, escada, elevadores e oito salas com sanitário privativo por andar	9.140,57	5.734,46
	Comercial Andar livre	CAL- 8	Garagem, pavimento térreo e oito pavimentos-tipo Garagem: Escada, elevadores, 64 vagas de garagem coberta, cômodo de lixo, depósito e instalação sanitária Pavimento térreo: Escada, elevadores, hall de entrada e lojas Pavimento-tipo: Halls de circulação, escada, elevadores e oito andares corridos com sanitário privativo por andar	5.290,62	3.096,09
Galpão industrial		GI	Área composta de um galpão com área administrativa, dois banheiros, um vestiário e um depósito	1.000,00	

Fonte: Adaptado de NBR 12.721 (ABNT, 2006).

uma delas entrará na constituição do lote básico, por ter seu custo representativo dos demais tipos de areia.

O custo de construção calculado de acordo com esta Norma representa o custo efetivo da construção praticado pelas construtoras, uma vez que a coleta de preços é feita mensalmente junto às construtoras do mercado. No caso dos materiais a coleta pode eventualmente ser realizada junto a fornecedores da indústria, do comércio atacadista ou varejista (preço posto obra, já com tributos e fretes). A NBR 12721 estabelece o método de cálculo dos preços, que passam por análise estatística, definição do preço médio e posterior multiplicação pela referida quantidade.

O custo levantado é publicado de forma resumida e detalhada nos sites dos SINDUSCONS de cada estado. Veja na Tabela 2.2 um exemplo do CUB ponderado divulgado para a Região de Florianópolis (SC) para o mês de agosto de 2017.

Se for levada em conta a tipologia da edificação, têm-se os CUBs específicos para cada uma delas na Tabela 2.3.

2.1.2 O cálculo da área a ser multiplicada pelo CUB

A área a ser multiplicada pelo valor mensal do CUB é a *área equivalente* do projeto novo, cujo preço se quer saber.

> É a área **equivalente** de custo (e não a área física real de planta de prefeitura) que deve ser multiplicada pelo CUB.

A área equivalente é aquela área fictícia usada para cálculo do CUB. Fictícia por que leva em conta os distintos pesos dos custos de cada compartimento, por exemplo: é sabido que o custo de uma garagem é bastante diferente de custo de um banheiro. Numa garagem não temos acabamentos, cerâmica, instalações, louças e acessórios, portanto, seu custo por metro quadrado não deverá ser o mesmo que do banheiro para efeito do cálculo do CUB.

A Tabela 2.4 fornece os coeficientes de equivalência para alguns compartimentos da edificação:

Para entendermos melhor como se calcula a área equivalente a ser aplicada no CUB, vamos preencher os quadros da NBR 12721

Tabela 2.2. CUB ponderado

Dados do mês de:	Para ser usado em:	CUB médio (R)	% Mês	% Ano	% 12 meses
JUL	AGO	1.730,33	0,59	5,11	6,04
JUN	JUL	1.720,12	1,36	4,49	5,57
MAI	JUN	1.697,00	2,41	3,09	5,18
ABR	MAI	1.657,02	0,11	0,66	5,83
MAR	ABR	1.655,17	0,14	0,55	5,90
FEV	MAR	1.652,81	0,13	0,40	5,84
JAN	FEV	1.650,73	0,28	0,28	5,94
DEZ	JAN	1.646,19	0,10	5,80	5,80

Fonte: Adaptada de http://sinduscon-fpolis.org.br/index.asp?dep=56.

TABELA 2.3. CUB por tipologia

PROJETOS – PADRÃO RESIDENCIAS					
PADRÃO BAIXO		PADRÃO NORMAL		PADRÃO ALTO	
R-1	1.492,19	R-1	1.790,64	R-1	2.158,25
PP-4	1.369,14	PP-4	1.676,64	R-8	1.735,71
R-8	1.302,62	R-8	1.478,90	R-16	1.855,68
PIS	1.049,16	PIS	1.427,38		

PROJETOS – PADRÃO COMERCIAIS CAL (Comercial Andares Livres) e CSL (Comercial Salas e Lojas)

PADRÃO NORMAL		PADRÃO ALTO	
CAL-8	1.717,52	CAL-8	1.823,39
CAL-8	1.486,86	CAL-8	1.618,85
CAL-16	1.987,31	CAL-16	2,154,77

PROJETOS – PADRÃO GALPÃO INDUSTRIAL (GI) E RESIDÊNCIA POPULAR (RP1Q)

RP1Q	1.609,32
GI	841,24

Fonte: Adaptada de http://www.cub.org.br/cub-m2-estadual/SC/.

TABELA 2.4. Coeficientes médios utilizados no cálculo de equivalência de áreas dos projetos-padrão do CUB

Compartimento	Coeficiente de equivalência
Garagem (subsolo)	0,50 a 0,75
Área privativa (unid. autônoma padrão)	1,00
Área privativa (salas com acabamento)	1,00
Área privativa (salas sem acabamento)	0,4 a 0,6
Varandas	0,75 a 1,0
Terraços ou áreas descobertas sobre lajes	0,3 a 0,6
Estacionamento sobre terreno	0,05 a 0,10
Área de projeção do terreno sem benfeitoria	0,00
Casa de máquinas	0,50 a 0,75
Piscinas	0,50 a 0,75
Quintais, calçadas, jardins	0,10 a 0,30

Fonte: Adaptado de NBR 12721 (ABNT, 2006).

com os dados da edificação multifamiliar, um projeto que possui os seguintes dados:[1]

Tipologia: Prédio popular de padrão normal com 4 pavimentos tipo, com área total de 2.650,00 m², sendo:
Pavimento Térreo: A = 650 m²
[192] m² = Vagas de garagem (área de divisão não proporcional, de uso comum, coberta de padrão diferente)
[58] m² = Circulação da garagem (área de divisão proporcional, de uso comum, coberta de padrão diferente e/ou descoberta)
[250] m² = Hall de entrada, escadas, casa do zelador, projeção da caixa do elevador, etc. (área de divisão proporcional, de uso comum, coberta padrão)
[150] m² = Terraços descobertos com floreiras (área de divisão proporcional, de uso comum, descoberta)
Pavimento Tipo: A = 500 m²
[4] andares de pavimentos tipo
[4] apartamentos por pavimento tipo

---

1. Projeto fictício extraído de Mutti (2018).

Em cada pavimento: 100 m² de circulação, escadas, projeção da caixa do elevador etc. (área de divisão proporcional, de uso comum, coberta-padrão)

Em cada apartamento: A = 100 m², dos quais:

[95] m² apartamento (área de divisão não proporcional, de uso privativo, coberta-padrão)

[5] m² sacada (área de divisão não proporcional, de uso privativo, coberta de padrão diferente).

No caso deste exemplo adotaremos o coeficiente de equivalência para transformar as *áreas descobertas e cobertas de padrão diferente* em equivalente de construção de 0,5.

Tais dados serão usados no cálculo da área real global e da área equivalente em área de custo-padrão global, preenchendo as Tabelas 2.5 e 2.6 extraídos da NBR 12721 (2006). Nesta norma são chamados Quadro I e Quadro II respectivamente. A Tabela 2.5 permite conhecer discriminadamente, por pavimento e em toda a edificação, as áreas reais e equivalentes privativas e de uso comum.

Então se quisermos saber o custo deste empreendimento, levando-se em conta, hipoteticamente, que o mesmo tenha sido executado em Florianópolis em agosto de 2017, devemos multiplicar a área equivalente global, de 2.410,00,00 m² pelo custo do CUB PP-4 (R$1.676,64), chegando ao custo de construção de R$ 4.040.702,40. Este valor não contempla alguns itens, como terreno, elaboração de projetos e instalações especiais, as quais serão mais bem detalhadas no item 2.1.3.

Porém, a NBR 12721 possibilita, além do cálculo do custo unitário básico, a definição do quadro de áreas que será usado no cadastro do imóvel no Registro de Imóveis. Estas áreas serão usadas inclusive para definição do valor da taxa de condomínio a serem pagas pelos moradores levando-se em conta o rateio das áreas comuns pelas unidades, proporcionalmente à sua área.

O cálculo das áreas reais das unidades autônomas e das áreas equivalentes à área de custo-padrão das unidades autônomas é feito com auxílio da Tabela 2.6, levando-se em conta, no que tange às áreas de uso comum de divisão proporcional, sua distribuição pelas diferentes unidades autônomas na proporção das respectivas áreas equivalentes à área de custo-padrão de divisão não proporcional. Veja a aplicação do nosso exemplo ao quadro de divisão de áreas da norma:

Tabela 2.5. Cálculo das áreas nos pavimentos e da área global

INFORMAÇÕES PARA ARQUIVO NO REGISTRO DE IMÓVEIS
(Lei 4.591 – 16/12/64 – Art. 32 e ABNT NBR 12721)

QUADRO I – Cálculo das Áreas nos Pavimentos e da Área Global – Colunas 1 a 18

LOCAL DO IMÓVEL:										
INCORPORADOR										
Nome:										
Assinatura:										
Data:										

Pavi-mento	ÁREAS DE DIVISÃO NÃO PROPORCIONAL									
	ÁREA PRIVATIVA					ÁREA DE USO COMUM				
	Coberta-padrão	Coberta de padrão diferente ou descoberta		TOTAIS		Coberta-padrão	Coberta de padrão diferente ou descoberta		TOTAIS	
		Real	Equiva-lente	Real (2+3)	Equivalente em área de custo-padrão (2+4)		Real	Equi-valente	Real (7+8)	Equivalente em área de custo-padrão (7+9)
1	2	3	4	5	6	7	8	9	10	11
terreo							192,00	96,00	192,00	96,00
1,00	380,00	20,00	10,00	400,00	390,00					
2,00	380,00	20,00	10,00	400,00	390,00					
3,00	380,00	20,00	10,00	400,00	390,00					
4,00	380,00	20,00	10,00	400,00	390,00					
TOTAIS	1.520,00	80,00	40,00	1.600,00	1.560,00		192,00	96,00	192,00	96,00
ÁREA REAL GLOBAL (Total da coluna 17)				2.650,00						ÁREA EQUI VALENTE GLOBAL (Total da Coluna 18)

Fonte: Adaptado de NBR 12721 (ABNT, 2006).

		FOLHA Nº					
		Adotar numeração seguida do quadro I ao VIII					
		Total de folhas:					
Profissional Responsável:							
Nome:							
Assinatura:							
Data:			Registro no CREA:				
ÁREAS DE DIVISÃO PROPORCIONAL				ÁREA DO PAVIMENTO			QUAN-TIDADE (número de pavimentos idênticos)
ÁREAS DE USO COMUM							
Coberta--padrão	Coberta de padrão diferente ou descoberta		TOTAIS				
	Real	Equiva-lente	Real (12+13)	Equivalente em área de custo--padrão (12+14)	Real (5+10+15)	Equivalente em área de custo-padrão (6+11+16)	
12	13	14	15	16	17	18	
250,00	208,00	104,00	458,00	354,00	650,00	450,00	
100,00			100,00	100,00	500,00	490,00	
100,00			100,00	100,00	500,00	490,00	
100,00			100,00	100,00	500,00	490,00	
100,00			100,00	100,00	500,00	490,00	
650,00	208,00	104,00	858,00	754,00	2.650,00	2.410,00	
				2.410,00			

TABELA 2.6. **Exemplo de cálculo das áreas nas unidades autônomas**

INFORMAÇÕES PARA ARQUIVO NO REGISTRO DE IMÓVEIS
(Lei 4.591 – 16/12/64 – Art. 32 e ABNT NBR 12721)

QUADRO II – Cálculo das Áreas das Unidades Autônomas – Colunas 19 a 38

LOCAL DO IMÓVEL:

INCORPORADOR

Nome:

Assinatura:

Data:

Unidade	ÁREAS DE DIVISÃO NÃO PROPORCIONAL									
	ÁREA PRIVATIVA					ÁREA DE USO COMUM			
	Coberta-padrão	Coberta de padrão diferente ou descoberta		TOTAIS		Coberta-padrão	Coberta de padrão diferente ou descoberta		TOTAIS	
		Real	Equivalente	Real (20+21)	Equivalente em área de custo-padrão (20+22)		Real	Equivalente	Real (25+26)	Equivalente em área de custo-padrão (25+27)
19	20	21	22	23	24	25	26	27	28	29
101	95,00	5,00	2,50	100,00	97,50		12,00	6,00	12,00	6,00
102	95,00	5,00	2,50	100,00	97,50		12,00	6,00	12,00	6,00
103	95,00	5,00	2,50	100,00	97,50		12,00	6,00	12,00	6,00
104	95,00	5,00	2,50	100,00	97,50		12,00	6,00	12,00	6,00
201	95,00	5,00	2,50	100,00	97,50		12,00	6,00	12,00	6,00
202	95,00	5,00	2,50	100,00	97,50		12,00	6,00	12,00	6,00
203	95,00	5,00	2,50	100,00	97,50		12,00	6,00	12,00	6,00
204	95,00	5,00	2,50	100,00	97,50		12,00	6,00	12,00	6,00
301	95,00	5,00	2,50	100,00	97,50		12,00	6,00	12,00	6,00
302	95,00	5,00	2,50	100,00	97,50		12,00	6,00	12,00	6,00
303	95,00	5,00	2,50	100,00	97,50		12,00	6,00	12,00	6,00
304	95,00	5,00	2,50	100,00	97,50		12,00	6,00	12,00	6,00
401	95,00	5,00	2,50	100,00	97,50		12,00	6,00	12,00	6,00
402	95,00	5,00	2,50	100,00	97,50		12,00	6,00	12,00	6,00
403	95,00	5,00	2,50	100,00	97,50		12,00	6,00	12,00	6,00
404	95,00	5,00	2,50	100,00	97,50		12,00	6,00	12,00	6,00
TOTAIS	1.520,00	80,00	40,00	1.600,00	1.560,00		192,00	96,00	192,00	96,00
ÁREA REAL GLOBAL (Total da coluna 37)						2.650,08				

Fonte: Adaptado de NBR 12721 (ABNT, 2006).

Estimativas de custo 31

				FOLHA Nº		3			
			Adotar numeração seguida do quadro I ao VIII						
			Total de folhas:						
	Profissional Responsável:								
	Nome:								
	Assinatura:								
	Data:					Registro no CREA:			
Área total equivalente em área de custo-padrão (24+29)	Coeficiente de proporcionalidade	ÁREAS DE DIVISÃO PROPORCIONAL				ÁREA DA UNIDADE		QUAN-TIDADE (número de unidades idênticas)	
		ÁREAS DE USO COMUM							
		Coberta--padrão	Coberta de padrão diferente ou descoberta	TOTAIS					
				Real	Equiva-lente	Real (32+33)	Equiva-lente em área de custo--padrão (32+34)	Real (23+28+35)	Equivalente em área de custo--padrão (30+36)
	(30 / Σ30)	(31 x Σ12)	(31 x Σ13)	(31 x Σ14)					
30	31	32	33	34	35	36	37	38	
103,50	0,06250	40,63	13,00	6,50	53,63	47,13	165,63	150,63	
103,50	0,06250	40,63	13,00	6,50	53,63	47,13	165,63	150,63	
103,50	0,06250	40,63	13,00	6,50	53,63	47,13	165,63	150,63	
103,50	0,06250	40,63	13,00	6,50	53,63	47,13	165,63	150,63	
103,50	0,06250	40,63	13,00	6,50	53,63	47,13	165,63	150,63	
103,50	0,06250	40,63	13,00	6,50	53,63	47,13	165,63	150,63	
103,50	0,06250	40,63	13,00	6,50	53,63	47,13	165,63	150,63	
103,50	0,06250	40,63	13,00	6,50	53,63	47,13	165,63	150,63	
103,50	0,06250	40,63	13,00	6,50	53,63	47,13	165,63	150,63	
103,50	0,06250	40,63	13,00	6,50	53,63	47,13	165,63	150,63	
103,50	0,06250	40,63	13,00	6,50	53,63	47,13	165,63	150,63	
103,50	0,06250	40,63	13,00	6,50	53,63	47,13	165,63	150,63	
103,50	0,06250	40,63	13,00	6,50	53,63	47,13	165,63	150,63	
103,50	0,06250	40,63	13,00	6,50	53,63	47,13	165,63	150,63	
103,50	0,06250	40,63	13,00	6,50	53,63	47,13	165,63	150,63	
103,50	0,06250	40,63	13,00	6,50	53,63	47,13	165,63	150,63	
1.656,00	1,00	650,08	208,00	104,00	858,08	754,08	2.650,08	2.410,08	
ÁREA EQUIVALENTE GLOBAL (Total de Coluna 38)						2.410,08			

2.1.3 O que não está no CUB?

O orçamentista deverá ficar atento no momento de gerar o custo final da edificação uma vez que existe uma série de custos que não estão contemplados no indicador do CUB, quais sejam: terreno, fundações, submuramentos, paredes-diafragma, tirantes, rebaixamento de lençol freático; elevador; equipamentos e instalações, tais como: fogões; aquecedores; bombas de recalque; incineração; ar-condicionado; calefação; ventilação e exaustão; outros; playground (quando não classificado como área construída); obras e serviços complementares; urbanização; recreação (piscinas, campos de esporte); ajardinamento; instalação e regulamentação do condomínio; impostos, taxas e emolumentos cartoriais; projetos; remuneração do construtor; remuneração do incorporador.

Portanto, você, como orçamentista, deverá estimar tais custos para somar ao custo obtido da multiplicação da área do projeto a ser construído pelo seu CUB correspondente.

2.2 Sistema Nacional de Índices e Preços da Construção

O Sistema Nacional de Pesquisa de Custos e Índices da Construção (Sinapi) é o sistema utilizado pelo Governo Federal brasileiro para a programação de investimentos, principalmente para o setor público. De acordo com o Decreto 7.983, de 8 de abril de 2013, que estabelece regras e critérios para elaboração do orçamento de referência de obras e serviços de engenharia contratados e executados com recursos de orçamentos da União, o Sinapi deve ser utilizado como referência para delimitação dos custos de execução de obras públicas.

O Sistema é uma produção conjunta do Instituto Brasileiro de Geografia e Estatística (IBGE) e da Caixa Econômica Federal, cabendo ao Instituto a responsabilidade da coleta, apuração e cálculo,[2] enquanto

---

2. Cabe ao IBGE a tarefa de coletar mensalmente os preços dos materiais de construção e salários da mão de obra empregada na construção civil. Na década de 1980, ampliou-se a participação do IBGE, cabendo-lhe também a tarefa de produzir as séries mensais de custos e índices desse setor. Os aspectos técnicos

à CEF, a definição e manutenção dos aspectos de engenharia, tais como projetos, composições de serviços etc.

De acordo com o IBGE (2017), o Sinapi possui 2 módulos: um que contém preços e custos e outro com índices gerados mensalmente. Os preços e custos constantes desse sistema auxiliam na elaboração, análise e avaliação de orçamentos, enquanto os índices possibilitam a atualização dos valores das despesas nos contratos e orçamentos.

• Módulo de custos e índices – Compreende estatísticas de índices e custos estaduais, regionais e nacionais da construção civil relativas a 101 projetos de várias tipologias, contando com um banco com cerca de 820 insumos. Seus resultados estão disponíveis ao público em geral, podendo ser acessados no portal do IBGE na Internet. Este módulo está inserido no plano de estatísticas oficiais; e

• Módulo de orçamentação – Compreende estatísticas de preços e salários que, associadas a diversos projetos e composições de serviços, caracterizam o Sinapi como um sistema de orçamentação. Este módulo conta com um banco com cerca de 6.000 insumos, os quais são oriundos de uma base de diferentes composições de serviços que dá origem ao chamado Banco Referencial do Sinapi, gerido pela Caixa Econômica Federal. (A utilização desse módulo será descrita com mais detalhes no Capítulo 5.)

O Sinapi tem abrangência geográfica nacional, com preços pesquisados nas 27 unidades da Federação. A concentração geográfica da amostra de locais se dá, principalmente, nas capitais e regiões metropolitanas dos estados.

---

de engenharia do sistema ficaram a cargo do BNH, até sua extinção, em 1986, momento em que a Caixa Econômica Federal assumiu essas atribuições. Sinapi compreende um conjunto de funções, definidas pelo IBGE, que determinam os conceitos, procedimentos de coleta, análise e apuração da pesquisa. Essas atividades são interligadas entre as Equipes de Campo, formadas por técnicos treinados para o levantamento de preços; as Equipes de Escritório, constituídas por especialistas em análise de preços e em construção de índices de preços; e, ainda, os técnicos em processamento de dados. *Fonte:* Sistema nacional de pesquisa de custos e índices da construção civil: métodos de cálculo/IBGE, Coordenação de Índices de Preços. Rio de Janeiro: IBGE, 2017.

2.2.1 Coleta de preços por "famílias homogêneas"

O cálculo dos custos e índices do Sinapi é baseado nos materiais e serviços que compõem 21 projetos residenciais no padrão normal de acabamento. Para executar esses projetos, são necessários cerca de 820 insumos (incluindo materiais e mão de obra), os quais constituem a "cesta" de produtos do Sinapi, semelhantemente ao que é feito no caso do CUB, visto anteriormente.

Deve-se notar que os itens que compõem a cesta de insumos da construção civil contribuem de maneira distinta para os custos dos projetos, assim como cada item na cesta que retrata o consumo das famílias tem um peso distinto no orçamento destas. Do total de insumos que compõem a cesta do Sinapi, apenas uma parcela tem seu preço pesquisado mensalmente. No Sinapi, apenas 80 insumos (70 materiais e 10 categorias profissionais) são pesquisados mensalmente para os cálculos realizados no módulo de custos e índices. Os demais itens não pesquisados continuam sendo levados em conta para o cálculo dos custos e índices, porém, para estes, utiliza-se a chamada "Metodologia das Famílias Homogêneas" para estimação mensal dos seus preços. As famílias homogêneas são grupamentos de insumos para os quais assume-se similaridade no processo de produção, na composição da matéria-prima, nos locais de comercialização e na evolução temporal de preços. Cada família é composta por um grupo de insumos, dos quais um deles é denominado "representante". Os demais elementos da família são chamados "representados", veja um exemplo na Tabela 2.7. Para o módulo de custos e índices, o Sinapi

Tabela 2.7. Exemplo da estruturação de uma família homogênea de tubos de PVC

Insumo	Unidade	Categoria
Tubo de PVC roscável de 2"	m	**representante**
Tubo de PVC roscável de 1 1/2"	m	representado
Tubo de PVC roscável de 1 1/4"	m	representado
Tubo de PVC roscável de 2 1/2"	m	representado
Tubo de PVC roscável de 3"	m	representado
Tubo de PVC roscável de 4"	m	representado
Tubo de PVC roscável de 5"	m	representado
Tubo de PVC roscável de 6"	m	representado

Fonte: IBGE (2017).

conta, atualmente, com 80 representantes (famílias) e 820 insumos representados (IBGE, 2017).

A Metodologia das Famílias Homogêneas propõe um modelo que busca, a partir do conhecimento dos preços dos representantes, estimar o preço dos insumos representados associados a cada representante (IBGE, 2017).

Desta forma, o IBGE, ao conhecer os materiais e suas respectivas quantidades, bem como a mão de obra e a produtividade na realização de cada serviço, pode, tendo-se os preços e salários medianos, calcular o seu custo. Somando-se os custos de todos os serviços, determina-se o custo total da construção relativo a cada projeto.

A partir dos custos totais, são calculados os custos médios por região, conforme o exemplo da Tabela 2.8.

2.2.2 O que não está no índice do Sinapi?

É importante observar que, assim como no caso do CUB, o Sinapi também tem alguns serviços que não estão considerados no seu cálculo, quais sejam: compra de terrenos; execução dos projetos em geral; licenças, habite-se, certidões e seguros; administração da obra; financiamentos; lucro da construtora e incorporadoras; instalações provisórias; ligações domiciliares de água, energia elétrica e esgoto; depreciações dos equipamentos; equipamentos mecânicos: elevadores, compactadores e exaustores; infraestrutura urbana; equipamentos de segurança; e fundações especiais.

Destaca-se que no cálculo dos custos dos salários da mão de obra são acrescentados 93,11% de encargos[3] sobre a folha salarial referentes a Fundo de Garantia do Tempo de Serviço (FGTS), 13º salário, dentre outros.

---

3. Até o mês de abril de 2013, eram acrescentados 122,82% de encargos, no entanto, em consonância com a nova legislação sobre a desoneração da folha de pagamento patronal do setor da construção civil (Medida Provisória 601, de 28.12.2012, e Lei 12.844, de 19.07.2013), a parcela devida à contribuição previdenciária foi alterada a partir de maio de 2013, e o percentual de encargos passou a ser de 93,11%, adotado atualmente no Sinapi. Salienta-se, porém, que no momento (2017) o IBGE disponibiliza as séries de custos e índices para os dois casos, isto é, com e sem a desoneração. (IBGE, 2017)

TABELA 2.8. Custos médios e índices, segundo as áreas geográficas (setembro/2017)

Áreas geográficas	Custos médios (R$/m²)	Números índices (Jun/94 = 100)	Variações percentuais Mensal	Variações percentuais No ano	Variações percentuais 12 meses
BRASIL	1.057,99	529,61	0,27	2,98	4,25
REGIÃO NORTE	1.059,63	527,99	0,66	2,00	3,76
Rondonia	1.097,44	611,85	0,40	2,98	2,59
Acre	1.164,40	618,10	0,47	3,30	4,29
Amazonas	1.026,56	502,58	-0,03	4,26	3,84
Roraima	1.095,16	454,84	0,11	0,81	0,88
Para	1.043,25	500,04	1,47	0,13	3,62
Amapa	1.048,57	509,30	-0,07	3,19	3,53
Tocantins	1.117,91	587,81	-0,30	3,42	6,70

Fonte: IBGE, Diretoria de Pesquisas, Coordenação de Índices de Preços, Sistema Nacional de Pesquisa de Custos e Índices da Construção Civil. Disponível em: https://ww2.ibge.gov.br/home/estatistica/indicadores/precos/sinapi/sinapi_201709_1.shtm.

2.2.3 Onde encontrar os índices do Sinapi?

Todas as informações relacionadas com o indicador de preços do Sinapi encontram-se disponibilizadas na página da pesquisa, no portal do IBGE na Internet, contendo os comentários gerais sobre os resultados que contemplam os aspectos conjunturais mais relevantes dos custos e índices da construção civil no mês de referência e são apresentados em publicação própria, que traz, ainda, estatísticas selecionadas, com e sem a desoneração da folha de pagamento de empresas do setor, segundo as Grandes Regiões e as Unidades da Federação. Além disso, são publicados os números-índices dos indicadores econômicos pesquisados (custos de mão de obra e materiais) e suas variações, também, com e sem a desoneração da folha de pagamento de empresas do setor, segundo as Grandes Regiões e as Unidades da Federação, tendo como base o mês de junho de 1994, bem como as notas técnicas discorrem sobre modificações ocorridas nas ponderações regionais, entre outras informações de natureza metodológica.

Cabe ressaltar que o plano tabular completo do Sinapi também está disponibilizado no Sistema IBGE de Recuperação Automática – Sidra, no endereço http://www.sidra.ibge.gov.br. Dentre as possibilidades que o sistema dispõe para elaboração de tabelas nos agregados de interesse, destacam-se as informações de custos do metro quadrado da obra por projeto, segundo o padrão de acabamento.

2.3 Custo Unitário Geométrico (CUG)

É de amplo conhecimento que cada decisão arquitetônica tomada em um projeto terá implicações na definição do seu custo. Altura, forma da planta, relação comprimento-largura-altura do edifício, tamanho das circulações verticais e horizontais são decisões que definem o custo do futuro edifício. Já em 1985, o Prof. Mascaró, em seu livro *O custo das decisões arquitetônicas* apresentava estudos demonstrando que outros aspectos geométricos de projetos (que não somente a sua área) contribuem para a formação dos custos das edificações, dentre estes pode-se citar a altura, a volumetria, as compartimentações e o formato da edificação.

A partir dessa ideia, Lima (2013), propôs o chamado Custo Unitário Geométrico (CUG), que é uma metodologia para estimativa de custos de obras baseado em regressão linear múltipla, onde os parâmetros geométricos são as variáveis independentes (dado de entrada), e os custos são as variáveis dependentes (dado de saída). Para esta autora, a possibilidade de consideração concomitante de diversas características, oferecida pela regressão linear múltipla, é essencial para que o modelo seja utilizado pelos projetistas como auxílio à tomada de decisão durante a execução de um projeto, e não somente para a análise crítica de projetos concluídos.

Na análise do CUG têm-se a influência da altura dos pavimentos e do perímetro de construção, da seguinte forma:

• Quanto maior o pé-direito, ou altura do pavimento de uma obra, maior será o seu custo com estrutura (maior área de fôrmas, armaduras, maior volume de concreto), vedações (paredes mais altas) e revestimentos (quantidades maiores de argamassa, cerâmica, dentre outros);

• Quanto maior o perímetro, para uma mesma área, tem-se custos maiores, pois o custo da parede externa que compõe este perímetro é alto devido aos seus acabamentos.

Dacoregio (2017), a partir dos estudos de Macaró (1985), Losso (1995) e Lima (2013) indica que, mesmo que as edificações em geral possuam uma baixa variação na altura entre os pavimentos-tipos, esta, juntamente com o volume e formato das edificações também devem ser considerados quando do estudo do custo destas, visto que os planos verticais representam a maior parcela[4] do custo da obra.

A análise de projetos, da sua volumetria e correspondência com o custo está cada vez mais facilitada, principalmente pela utilização de modelos *Building Information Modeling* (BIM), onde se pode, já em fases iniciais do projeto será possível decidir por uma volumetria ou outra em função do custo que se deseja obter ao final do projeto.

---

4. Mascaró (1985) apontou que 29,79% do custo está relacionado com os planos horizontais, 41,37% com os planos verticais, 23,74% com as instalações e 5,09% com o canteiro de obras.

2.4 Exercícios

1. Calcule o custo do projeto a seguir levando em conta o CUB ponderado e o específico da edificação. Os acabamentos são de baixo padrão, em um só pavimento.

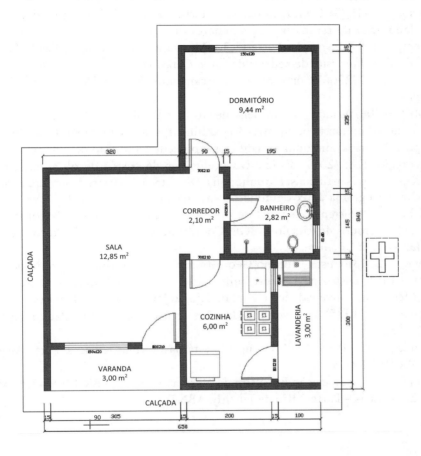

2. Considerando a conceituação do CUG exemplos de áreas de projeção de diferentes edificações que possuem mesma área (A = 100 m²) e pé-direito (altura = 3 m) e diferentes formatos, qual destas será a edificação de menor custo? Justifique sua resposta.

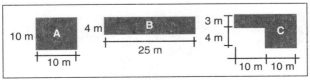

Fonte: Adaptado de NBR 12721 (ABNT, 2006).

Referências

Mutti, C.N.M. (2018) Apostila de Administração da Construção. Florianópolis. 139p.

Limmer, C.V. (2013) Planejamento, orçamentação e controle de projetos e obras. Rio de Janeiro: LTC, 244p.

Losso, I.R. (1995) Utilização das características geométricas da edificação na elaboração de estimativas preliminares de custos: estudo de caso em uma empresa de construção. Dissertação (Mestrado em Engenharia Civil). Florianópolis: Universidade Federal de Santa Catarina.

Mattos, A.D. (2006) Como preparar orçamentos de obras. São Paulo: Editora Pini.

ABNT. (2006) Associação Brasileira de Normas Técnicas NBR 12721. Avaliação de custos unitários de construção para incorporação imobiliária e outras disposições para condomínios edifícios – procedimento. Rio de Janeiro: ABNT.

Dacoregio, F.A. (2017) Estimativa preliminar de custos de obras utilizando redes neurais artificiais. Florianópolis. Dissertação (Mestrado em Engenharia Civil) Programa de Pós-graduação em Engenharia Civil, UFSC. 189p.

IBGE. (2017) Sistema nacional de pesquisa de custos e índices da construção civil : métodos de cálculo / IBGE, Coordenação de Índices de Preços. Rio de Janeiro : IBGE. 46p.

Lima, F. (2013) Custo Unitário Geométrico: uma proposta de método de estimativa de custos na fase preliminar do projeto de edificações. Dissertação (Mestrado) Universidade Federal do Rio de Janeiro, Rio de Janeiro.

Mascaró, J. (1985) O custo das decisões arquitetônicas. São Paulo: Editora Nobel.

Schmitt, C.M. (1995) CUB: O que não está nas normas técnicas. Porto Alegre: DECIV/UFRGS.

ABNT (2011) Associação Brasileira de Normas Técnicas NBR 14653-2: Avaliação de Bens – Parte 2 Rio de Janeiro: ABNT

Capítulo 3
Projeto de norma de orçamento para infraestrutura

Este capítulo visa proporcionar ao leitor uma noção de termos relativos ao orçamentos de infraestrutura que nem sempre são os mesmos utilizados no orçamento de edificações. Assim será apresentado o projeto de norma ABNT NBR 16633-1 (2017) com as suas respectivas quatro partes, de forma resumida, esclarecendo e explicando aspectos importantes destes documentos. Entretanto, não pretende substituir a leitura e a análise dos documentos normativos.

Lembrando que a utilização de normas técnicas no Brasil é obrigatória, pois estas são referenciadas em duas leis: o Código Civil Brasileiro e o Código de Defesa do Consumidor.

3.1 Introdução

O Projeto de norma ABNT NBR 16633-1 (2017) – Elaboração de orçamentos e formação de preços de empreendimentos de infraestrutura, foi preparado pela Comissão de Estudo Especial de Elaboração de Orçamentos e Formação de Preços de Empreendimentos de Infraestrutura (ABNT/CEE-162), com número de Texto-Base 162:000.000-001/1. A comissão foi composta por membros do setor privado, público e entidades de classes.

O documento de agosto de 2017 foi disponibilizado para consulta pública.

Este projeto foi dividido em quatro partes: (1) Parte 1: Terminologia; (2) Parte 2: Procedimentos gerais; (3) Parte 3: Elaboração de projetos e gestão de obras; e (4) Parte 4: Execução de obras de infraestrutura.

3.2 Parte 1: Terminologia

O escopo da ABNT NBR 16633-1 (2017) – Parte 1 define os termos utilizados na elaboração de orçamentos e formação de preços para construção de empreendimentos de infraestrutura. Com o objetivo de esclarecer o significado dos termos comumente utilizados na elaboração de orçamento, apresentando suas definições e norteando a aplicação destes nas outras três partes.

São apresentados 85 termos em ordem alfabética e suas respectivas definições. Para as demais partes, esta é referenciada como Referência Normativa, isto é, como um documento indispensável à aplicação dos outros três documentos (Partes 2, 3 e 4).

3.3 Parte 2: Procedimentos gerais

O escopo desta parte do projeto de norma estabelece procedimentos para a elaboração de orçamentos e formação de preços para construção de empreendimentos de infraestrutura.

Classifica-se os orçamentos quanto a finalidade e ao grau de precisão. O Quadro 3.1 apresenta a classificação quanto a finalidade dos orçamentos e suas principais características.

Quanto ao grau de precisão, o projeto de normas classifica o orçamento em: (1) expedito; (2) paramétrico; e (3) detalhado.

Um conceito importante é o grau de precisão que está vinculado a um desvio máximo esperado entre o valor orçado para execução e o total de gastos realizados após a conclusão, considerando a manutenção do escopo do projeto. Porém este valor máximo do desvio está vinculado as fases de projeto, conforme apresentado no Capítulo 1.

A precisão aumenta à medida que há um avanço nas fases de projeto, o orçamento de planejamento, de viabilidade, de anteprojeto, de projeto básico e projeto executivo terão uma precisão crescente devido ao aumento das informações disponibilizadas nas documentações de projeto.

Quando o orçamento é elaborado com base em custos ou dados históricos, estudos de ordem de grandezas, índices e comparações, respeitando as condições de contorno local, tem-se o **orçamento expedito**.

Quando o orçamento é elaborado a partir de etapas ou parcelas da obra com base em parâmetros de banco de dados de obras semelhantes, com base nas condicionantes locais tem-se o **orçamento paramétrico**.

QUADRO 3.1. Classificação quanto a finalidade dos orçamentos conforme o projeto de norma ABNT NBR 16633-1 (2017)

	Classificação	Principais características
ORÇAMENTO	• Para estudo	• Auxilia nas decisões gerenciais sobre o que pretende executar • É baseado em estudos técnicos preliminares • Elaborado nas fases iniciais de projeto • Não possui informações suficientes para embasar a execução, logo não está associado a critérios de medições, cadernos de encargos ou especificações construtivas
	• Para construção	• Determina os valores totais previstos para serem gastos na execução • Podem ser baseados em anteprojeto, projeto básico, projeto executivo e/ou projeto da forma construída (*as built*) • Devem respeitar os requisitos contratuais • Devem ser elaborados com precisão para permitir o monitoramento e controle efetivo dos gastos durante a execução • Elaborados a partir de cadernos de encargos, especificações construtivas, critérios de medição e forma de pagamento • Deve conter data-base dos valores utilizados, identificação da região de coleta dos preços unitários dos insumos e serviços, além da unidade monetária utilizada
	• De referência	• Deve ser elaborado com base em referências que reflitam os preços de mercado e os requisitos contratuais • Tem objetivo de auxiliar no processo de seleção da proposta • Deve conter data-base dos valores utilizados, identificação da região de coleta dos preços unitários dos insumos e serviços, além da unidade monetária utilizada
	• Da proponente	• Elaborado pelo proponente baseado em requisitos contratuais • Utilizando os índices da empresa para consumo de materiais, perdas, produtividade da mão de obra e equipamentos • Deve conter data-base dos valores utilizados, identificação da região de coleta dos preços unitários dos insumos e serviços, além da unidade monetária utilizada
	• Para execução direta	• Para ações de execução de forma direta, isto é, por meios próprios • Deve conter data-base dos valores utilizados, identificação da região de coleta dos preços unitários dos insumos e serviços, além da unidade monetária utilizada

Já aquele elaborado a partir de projeto básico e/ou executivo, com base em quantitativos de insumos e serviços, a partir de composições de preços, com pesquisas de mercado referente a preços dos insumos constitui o **orçamento detalhado**.

Conforme este projeto de norma o orçamento pode ser elaborado por cinco métodos, podendo o usuário utilizar unicamente um método ou a mescla de vários métodos, em função do grau de desenvolvimento dos projetos; da quantidade e qualidade dos dados, dos requisitos legais e contratuais a fim de obter a máxima precisão dentro das condições de contorno estabelecidas.

O método utilizado na elaboração do orçamento deve seguir os princípios científicos tradicionais, isto é: (1) aferição teórica ou prática; (2) publicação disponível; (3) indicação do grau de precisão esperado; e (4) padrão de controle e monitoramento com aceitação técnico-científica.

O Quadro 3.2 apresenta as principais características dos métodos orçamentários constantes no projeto de norma. Destaca-se que as informações referentes a data-base, região de coleta dos preços dos insumos e a unidade monetária devem ser apresentados para todos os métodos.

Os elementos mínimos necessários para a elaboração de orçamentos, segundo o projeto de norma ABNT NBR 16633-1 (2017) são:
1. Projeto e estudos técnicos que reflitam o escopo e as especificações para o orçamento.
2. Planejamento construtivo e logísticos incluindo aspectos como construtibilidade, logística de execução, origem e destinação dos materiais, acordos trabalhistas, restrições de horários, turnos trabalhados, prazos previstos, critérios de medição e pagamento, cláusulas contratuais, condicionantes climáticas, licenciamentos ambientais, desapropriações, arqueológicos e outros requisitos técnicos.
3. Cronograma físico com informações referentes ao prazo de execução dos serviços, da implantação da obra e da entrega da construção e, além dos prazos para elaboração de projetos executivos e prazos para licenciamentos ambientais, desapropriações arqueológicas e de outras possíveis interferências.
4. Condições contratuais com a análise das interferências do processo de contratação na elaboração do orçamento.

QUADRO 3.2. **Métodos de orçamento conforme o projeto de norma ABNT NBR 16633-1 (2017)**

Método	Características
Por composição de custo unitário	• Obtido pela multiplicação das quantidades de cada serviço e seus respectivos preços unitários calculados a partir de composições unitárias • As composições unitárias devem apresentar as taxas de consumo, perdas, coeficientes de produtividade de mão de obra e equipamentos, além dos preços unitários do insumo com base no mercado local
Por composição de custo por permanência	• Obtido pela multiplicação das quantidades de serviços ou insumos pelo tempo necessário de utilização ou permanência dos recursos para execução do serviço com seus preços unitários respectivos
Comparativo de dados de mercado	• Obtido por meio de comparação com dados mercadológicos semelhantes e considerando as características intrínsecas e extrínsecas • Deve-se considerar um conjunto de dados que estatísticamente seja uma amostra de mercado
De cotação de preços de mercado	• Obtido pela cotação, junto a fornecedores do mercado local, dos insumos
Comparação paramétrica	• Obtido pela comparação com outro empreendimento ou obra de porte padrão construtivo inferior, equivalente ou superior, desde que os gastos para execução sejam conhecidos

Os elementos mínimos que compõem o orçamento são:

1. Escopo dos serviços, isto é, o que é contemplado para sua respectiva execução com base nos projetos e estudos de engenharia. Recomenda-se a divisão do escopo em subgrupos de serviços e por etapas construtivas.[1] Para permitir o monitoramento e controle de forma qualitativa e quantitativa os serviços identificados devem conter especificações construtivas e critérios de medição.

2. Memória de cálculo das quantidades dos serviços deve ser apresentada de forma detalhada e documentada, os levantamentos dos serviços e suas respectivas quantidades. Caso sejam utilizados

---
1. Item mais bem explorado quando abordarmos a Estrutura Analítica de Projeto (EAP).

46 Conhecendo o Orçamento de Obras

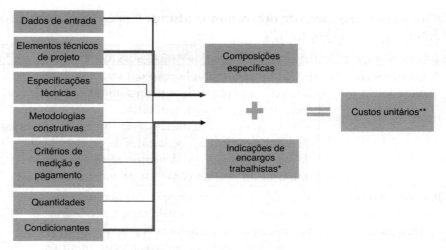

FIGURA 3.1. Esquema da obtenção de custos unitários para formar os custos diretos.
*Devem ser apresentados os ajustes necessários que eventualmente sejam realizados nas composições originais.
**A pesquisa de custos consideram fontes aferíveis como sistemas de custos de referências, bancos de dados, cotações de mercado e literaturas técnicas. Essas fontes devem ser indicadas na memória de cálculo ou nas fontes de referências.

programas computacionais devem conter os registros dos arquivos originais gerados e os arquivos finais resultantes do processamento de dados originais. Além disso, é necessário informar o método utilizado e as premissas consideradas no levantamento das quantidades.
3. Memória de cálculo dos custos e preços dos serviços, a Figura 3.1 demonstra o processo de formação dos custos.

Os preços são obtidos a partir do somatório dos custos diretos e indiretos pela multiplicação do benefício e despesas indiretas (BDI). Este deve ser detalhado, informando data-base dos preços, moeda utilizada e taxa de câmbio.

Segundo o projeto de norma ABNT NBR 16633-1 (2017), o orçamento deve contemplar a apresentação dos seguintes documentos:
1. Orçamento sintético em forma de planilha informando as partes que compõem os serviços, as instalações físicas, etapas, parcelas ou trechos da obra.
2. Orçamento consolidado, isto é o agrupamento de todos os orçamentos sintéticos.

3. Orçamento resumido com o somatório de todos os valores do orçamento consolidado.
4. Memória de cálculo dos quantitativos dos serviços.
5. Memória de cálculo dos preços dos serviços.
6. Demonstrativo de encargos sociais e trabalhistas utilizados para a mão de obra horista e mensalista.
7. Demonstrativo da composição do BDI e percentuais utilizados.
8. Memória contendo as alíquotas efetivas de tributos aplicáveis ao empreendimento, considerando particularidades dos serviços e tributação aplicável.

3.4 Parte 3: Elaboração de projetos e gestão de obras

O escopo desta parte do projeto da norma ABNT NBR 16633-1 (2017) é estabelecer procedimentos para projetos e gestão de obras na elaboração de orçamentos e formação de preços para construção de empreendimentos de infraestrutura. Especificamente para formação de preços para serviços técnicos profissionais especializados de natureza predominantemente intelectual que em geral, são desenvolvidos nas seguintes três fases de implantação de um empreendimento: (1) elaboração de planos, estudos e projetos; (2) execução das obras; e (3) pós-obra.

São requisitos básicos para formação do preço dos serviços técnicos profissionais especializados de natureza predominantemente intelectual de arquitetura e engenharia, além de estar compatibilizado com a definição e caracterização do escopo da futura contratação:

- Estar de acordo com as normas técnicas e boa prática do setor.
- Manutenção das condições técnicas.
- Atualização tecnológica, estrutural, sustentável e financeira.

O projeto de norma ABNT NBR 16633-1 (2017) apresenta as seguintes metodologias, e ainda afirma que a utilização simultânea de mais de uma metodologia possibilita o cotejo e a aferição dos resultados obtidos, bem como a seleção criteriosa do orçamento mais apropriado:

a. formação do preço com base nos quantitativos e preços unitários dos insumos utilizados;

b. formação do preço com base nos quantitativos e preços unitários de serviços prestados ou produtos elaborados;
c. formação do preço com base no custo do empreendimento.

O Quadro 3.3 apresenta as principias características e variáveis para formação do preço com base nos quantitativos e preços unitários dos insumos utilizados, sem a pretensão de reproduzir todas as formulações matemáticas apresentadas no documento normativo.

Já a formação do preço com base nos quantitativos e preços unitários de serviços prestados ou produtos elaborados, conforme o projeto de norma ABNT NBR 16633-1 (2017) se assemelha a anterior, porém ao invés de identificar e quantificar os insumos, e correspondentes preços unitários, necessários para a execução do trabalho de uma forma global, restringe-se aos insumos necessários para a execução de um determinado produto ou serviço, que pode ser executado ou prestado mais de uma vez durante o cumprimento do contrato, e cálculo do seu preço unitário.

Sendo válida quando: (1) o produto ou serviço puder ser executado repetidas vezes, dentro das mesmas condições de contorno; (2) não se sabe, de antemão, qual quantitativo de serviços ou de produtos que deve ser prestado ou elaborado; e (3) os preços unitários o contratante pode remunerar o contratado por produto efetivamente entregue ou por serviço efetivamente prestado.

Metodologia para formação de preço segundo o projeto de norma ABNT NBR 16633-1 (2017):
a. identificação de determinado serviço ou produto repetitivo;
b. identificação e quantificação dos insumos de mão de obra necessários para a prestação do serviço ou elaboração do produto;
c. valoração dos salários dos profissionais que são alocados e identificação dos eventuais adicionais de periculosidade e insalubridade;
d. identificação e quantificação das despesas diretas que impõem responsabilidade técnica;
e. identificação e quantificação das despesas diretas que não impõem responsabilidade técnica;
f. valoração das despesas diretas;
g. cálculo dos fatores K, conforme descrito na alínea f);
h. cálculo dos preços unitários dos insumos;

QUADRO 3.3. **Resumo dos procedimentos para formação do preço com base nos quantitativos e preços unitários dos insumos utilizados segundo o projeto de norma ABNT NBR 16633-1 (2017)**

Características	• Identificação, classificação, quantificação e valoração de todos os insumos empregados diretamente na prestação de serviços e, posteriormente, na multiplicação dos valores destes custos e despesas diretas por coeficientes específicos, que incorporem – a estes componentes do orçamento – as despesas financeiras, os tributos e o lucro, bem como a parcela das despesas indiretas, resultando destes produtos os preços estimativos que integram os orçamentos • Coeficientes multiplicadores, denominados fatores K, devem ser calculados para cada tipo de custo direto com mão de obra ou de despesa direta • Diversos dados e parâmetros utilizados nesta metodologia podem ser obtidos por meio de pesquisas • Os fatores K podem variar de empresa para empresa e, mesmo em uma empresa, podem variar ao longo do tempo, em função das características da equipe técnica permanente, da carteira de serviços, dos compromissos assumidos e dos demais fatores que impactam na sua composição • O fator K deve ser atualizado ou aferido • A formação do preço utilizando esta metodologia necessita da atuação de profissional habilitado e capacitado, apto para identificar as atividades a serem desenvolvidas, quantificar os produtos a serem elaborados e os prazos de conclusão e entrega dos trabalhos

Componentes	• Custos diretos com mão de obra (CDMO)
	• Encargos sociais (ES)
	• Encargos sociais complementares (ESC)
	• Despesas diretas (DD):
	  • Despesas diretas que impõem responsabilidade técnica ao tomador do serviço (DDR)
	  • Despesas diretas que não impõem responsabilidade técnica ao tomador do serviço (DDNR)
	• Despesas indiretas (DI):
	  • Despesas da administração central (DAC)
	  • Despesa financeira (DF)
	  • Lucro (L)
	  • Tributos (T)

(Continua)

QUADRO 3.3. **Resumo dos procedimentos para formação do preço com base nos quantitativos e preços unitários dos insumos utilizados segundo o projeto de norma ABNT NBR 16633-1 (2017)** *(Cont.)*

Variáveis para o cálculo dos custos diretos com mão de obra (CDMO)	• Identificação e quantificação dos insumos de mão de obra
	• Salários dos profissionais
	• Cálculo dos encargos sociais:
	  • Cálculo do número médio de horas trabalhadas
	  • Cálculo do número médio de horas trabalhadas pelos profissionais alocados
	  • Cálculo dos encargos sociais (ES)
	• Cálculo dos encargos sociais complementares (ESC)
	• Cálculo dos encargos sociais totais (EST) – *EST = ES + ESC*
	• Custos diretos com mão de obra (CDMO)
	• Encargos sociais sobre o trabalho de profissional autônomo (ESPA)
	• Identificação, quantificação e valoração das despesas diretas:
	  • Despesas diretas que impõem responsabilidade técnica (DDR)
	  • Despesas diretas que não impõem responsabilidade técnica (DDNR)
	• Cálculo do percentual para rateio das despesas indiretas (DI):
	  • Despesas da administração central (DAC)
	  • Despesas financeiras (DF)
	• Lucro (L)
	• Tributos (T)

Variáveis para o cálculo do fator K	• Fator K1 incide sobre os custos com a mão de obra →
	  • $K1i = (1 + ESi + ESCi) \times (1 + DI) \times (1 + DF) \times (1 + L) \times (1 + T)$
	• Fator K2 incide sobre o custo das despesas diretas que impõem responsabilidade técnica, relativas a consultorias e serviços prestados por pessoa jurídica (DDRPJ) →
	  • $K2 = (1 + RT) \times (1 + DF) \times (1 + L) \times (1 + T)$
	• Fator K3 incide sobre as despesas diretas que impõem responsabilidade técnica, relativas a consultorias e serviços prestados por profissional autônomo (DDRPA) →
	  • $K3 = (1 + ESPA) \times (1 + RT) \times (1 + DF) \times (1 + L) \times (1 + T)$
	• Fator K4 incide sobre as despesas diretas que não impõem responsabilidade técnica (DDNR) →
	  • $K4 = (1 + DF) \times (1 + L) \times (1 + T)$

(Continua)

QUADRO 3.3. **Resumo dos procedimentos para formação do preço com base nos quantitativos e preços unitários dos insumos utilizados segundo o projeto de norma ABNT NBR 16633-1 (2017)** *(Cont.)*

Formação de preço e composição do orçamento	• Custo da mão de obra (CMO) em função custo horário da mão de obra de determinada categoria profissional (CHMOi) e estimativa do total de horas de determinada categoria profissional, necessárias para a prestação do serviço (THi) • Número de categorias profissionais previstas para a prestação dos serviços (NCP): $$ORC = \sum_{i=1}^{ncp}[K1_j \times CMO_i] + K2 \times \sum DDR_{PJ} + K3 \times \sum DDR_{PA} + K4 \times \sum DDNR$$

i. cálculo do preço unitário do serviço ou produto, resultante do somatório da multiplicação dos quantitativos dos insumos pelos correspondentes preços unitários.

Para a formação do preço com base no custo do empreendimento o projeto de norma explica que esta metodologia depende na correlação entre os preços de estudos e projetos e os preços estimados das obras que integram o empreendimento a ser implantado. Os preços dos estudos e projetos são obtidos mediante a aplicação de percentuais sobre o preço de cada obra que compõe o empreendimento com estas principais características:

a. Deve ser baseada em parâmetros históricos com número suficiente de amostras de contratações similares e bem-sucedidas.

b. Deve ser utilizada quando existe histórico de preços de estudos e projetos elaborados e de obras executadas, para obtenção da relação percentual entre os preços dos projetos e das obras.

c. O histórico deve considerar o porte e o tipo de obra (edificação, infraestrutura etc.) que compõe o empreendimento, de forma a possibilitar a elaboração de curvas diferenciadas ou específicas de relação de preços.

d. Para utilização das curvas obtidas, o preço total de cada obra que compõe o empreendimento a ser projetado é estimado com base em orçamento sintético, ou metodologia expedita ou paramétrica.

e. Nos preços dos estudos e projetos utilizados para elaboração das curvas, não podem estar incluídos os preços dos serviços de apoio técnico, necessários para a obtenção das informações e dados que subsidiam a execução dos trabalhos, como topografia e cadastros, sondagens e ensaios geotécnicos.

f. Esta metodologia pode ser adotada também para determinação do preço do projeto de cada especialidade que compõe o projeto completo.

As formas de remuneração dos serviços técnicos especializados de engenharia e arquitetura, conforme o projeto de norma ABNT NBR 16633-1 (2017) é apresentado no Quadro 3.4.

Nesta parte do projeto de norma ABNT NBR 16633-1 (2017) é apresentado o Anexo A referente a caracterização dos serviços técnicos profissionais especializados de natureza predominante intelectual de arquitetura e engenharia para implantação de empreendimentos, onde é a apresentado a divisão de cada etapa da Elaboração de planos, estudos e projetos, além da descrição do que compõem cada uma das seguintes etapas dentro do ciclo

Quadro 3.4. Formas de remuneração dos serviços técnicos especializados de engenharia e arquitetura, conforme o projeto de norma ABNT NBR 16633-1 (2017)

Preços	Principais características
Preço global	• Remuneração é realizada com base no valor global ou total do serviço • Os pagamentos são efetuados em função do desenvolvimento dos trabalhos, por meio de medições periódicas e segundo percentual do valor global estipulados para cada etapa do trabalho concluída
Preços unitários de documentos ou produtos elaborados	• O serviço é remunerado com base nos quantitativos dos produtos elaborados em determinado período de medição, multiplicados pelo preço unitário de cada produto
Preços unitários dos insumos utilizados	• O serviço é remunerado com base nos quantitativos dos insumos efetivamente utilizados na prestação do serviço, durante determinado período de medição, multiplicados pelo preço unitário de cada insumo

de vida do empreendimento: (1) assessoria técnica ao empreendimento; (2) gerenciamento, comissionamento; e (3) pré-operação e operação assistida.

Elaboração de planos, estudos e projetos

Os empreendimentos de infraestrutura e edificações são definidos por um projeto completo de arquitetura e engenharia, elaborado a partir de planos e estudos iniciais, e composto pela consolidação destes projetos de diversas disciplinas, relacionadas com a implantação do empreendimento.

O termo aqui apresentado como projeto deve ser entendido como o *design*, isto é, as plantas, desenhos e especificações técnicas necessárias para a execução do empreendimento, pois este empreendimento também pode ser chamado obra ou projeto (*project*).

A elaboração do projeto completo, é dividido em etapas organizadas em sequência predeterminada, permitindo a evolução gradual do trabalho, cada uma deve ter seu objetivo específico, o qual define seu conteúdo e a sua forma de registro, sendo pressuposto que cada uma delas contemple as definições das etapas anteriores.

A finalidade desta divisão é possibilitar uma avaliação gradual do empreendimento, para permitir, em momentos específicos, ajustar sua evolução podendo ser técnica, estética e econômica.

Os projetos (*design*) são desenvolvidos a partir de um termo de referência, elaborado pelo empreendedor em conjunto com um profissional habilitado, onde há a definição das etapas que devem ser adotadas para elaboração dos planos, estudos e projetos, havendo possibilidade de múltiplas formas de contratação e execução, desde que não se percam o conteúdo e a qualidade do produto oferecido, e a condição de evolução progressiva da precisão e do detalhamento dos produtos.

Há a necessidade da figura do coordenador de projetos, devido a multidisciplinaridade de especialistas envolvidos no processo, além do monitoramento e controle do tempo, por meio de cronogramas, custo, qualidade requerida, além da compatibilização das informações geradas.

As etapas iniciais de execução dos trabalhos se dedicam aos planos e estudos para uma aproximação conceitual do empreendimento, fornecendo uma caracterização preliminar e possibilitando a realização das primeiras análises de sua viabilidade. Entre as etapas iniciais, destacam-se a elaboração de: (1) planos; (2) estudo de viabilidade; e (3) estudo de concepção.

Após as etapas iniciais na sequência contendo a descrição desenhada, escrita e detalhada do empreendimento, permitindo a sua implantação e, se necessário, fornecendo as orientações para o uso, a operação e a manutenção do empreendimento em questão. Tem as seguintes etapas: (1) anteprojeto; (2) projeto básico; (3) projeto executivo; e (4) projetos legais.

O Quadro 3.5 apresenta as principais características de cada etapa da Elaboração de planos, estudos e projetos segundo o projeto de norma ABNT NBR 16633-1 (2017).

O projeto de norma ABNT NBR 16633-1 (2017) conceitua Assessoria técnica ao empreendimento como as atividades desenvolvidas pelos projetistas após a conclusão dos projetos e até a conclusão ou entrega do empreendimento, podendo citar como exemplo (não se limitando apenas a estas):

a. acompanhamento técnico dos processos para obtenção das autorizações, licenças e outorgas;
b. apoio técnico nas tarefas de desapropriação e liberação de áreas;
c. apoio técnico para liberação e exploração de fontes de materiais (jazidas de solo, areia, pedra etc.) e de bota-foras;
d. assessoria técnica antes e durante o processo de licitação das obras;
e. análise técnica e aprovação dos métodos construtivos;
f. alteração de projetos em função de necessidades detectadas durante a execução das obras;
g. análise de projetos de fabricação e de montagem;
h. suporte nas fases de testes, pré-operação e operação assistida.

Já o conceito de gerenciamento é o mesmo apresentado pelo PMI (2013) no PMBoK: "a aplicação de conhecimento, habilidades, ferramentas e técnicas nas atividades de um empreendimento ou programa, a fim de atender aos seus requisitos, realizado com a aplicação e a integração de processos".

O gerenciador não representa o contratante, nem age em nome dele, porém atua para ele. O objeto do contrato de gerenciamento não é a execução do empreendimento, porém os serviços técnicos especializados do gerenciador para levar a bom termo o empreendimento, isto é, planejar e programar, supervisionar, fiscalizar e consultar.

a. planejamento e programação – programação da progressão do empreendimento do modo mais eficiente, eficaz e efetivo, com a melhor concentração de esforços e recursos pelo empreendedor. Isto é levantando, programando, monitorando, analisando, controlando e registrando;

b. supervisão – orientação e coordenação dos trabalhos, compreendo as atividades técnicas e administrativas;

c. fiscalização – vigilância de sua execução, com a finalidade de verificar e atestar a qualidade, o respeito às especificações contidas nos projetos e nas normas técnicas, os quantitativos executados, a conformidade com o orçamento estabelecido e o cumprimento dos prazos estipulados;

d. consultoria – assessoria técnica especializada, atividade de caráter predominantemente intelectual, que gera como produto laudos, estudos, projetos, pesquisas, relatórios e pareceres, e pode referir-se às diversas áreas de conhecimento.

Segundo o projeto de norma ABNT NBR 16633-1 (2017), o gerenciamento é constituído de cinco processos, como é definido pelo PMI (2013), a saber: (1) iniciação; (2) planejamento; (3) execução; (4) monitoramento e controle; e (5) encerramento.

As áreas de conhecimento também são as mesmas apresentadas no PMI (2008) e no documento Extensão para Construção do Guia PMBOK (2017).

Nesta parte do projeto de norma ABNT NBR 16633-1 (2017), ainda, apresenta os conceitos de:

• Comissionamento – "atividade em que se integra o conjunto de técnicas e procedimentos de engenharia para verificação e certificação da documentação de projeto e de todos os demais elementos correlatos, e para inspeção, certificação e teste, de cada componente físico do empreendimento, desde os individuais, como peças, instrumentos e equipamentos, até os mais complexos, como módulos, subsistemas e sistemas, com o intuito de assegurar a transferência do empreendimento do construtor para o operador, de forma ordenada e segura, garantindo sua operabilidade em termos de desempenho, confiabilidade e rastreabilidade de informações".

QUADRO 3.5. Principais características de cada etapa da Elaboração de planos, estudos e projetos segundo o projeto de norma ABNT NBR 16633-1 (2017)

Etapas	Conceito	Principais características
Planos de engenharia, arquitetura e urbanismo	São estudos técnicos multidisciplinares, de grande abrangência, que têm por objetivo a definição de diretrizes, recomendações e instruções para implementação de ações ou intervenções de curto, médio e longo prazos	a) caracterização e diagnóstico da situação atual b) avaliação da expectativa de evolução c) proposta de intervenções com base na análise de diferentes cenários e estabelecimento de prioridades d) definição de objetivos e metas de curto, médio e longo prazos e) definição de programas, ações e projetos necessários para atingir os objetivos e metas estabelecidos f) programação física, financeira e institucional da implantação das intervenções definidas g) programação de revisão e atualização do plano
Estudo de viabilidade	É o trabalho de avaliação da viabilidade de implantação de um empreendimento, sob os diversos aspectos pertinentes, como técnico, estético, legal, econômico-financeiro, ambiental, social, mercadológico, entre outros	a) caracterização inicial do empreendimento b) avaliação da infraestrutura, da disponibilidade de insumos e serviços e da logística, existentes e necessárias para a implantação, e operação do empreendimento c) identificação dos possíveis impactos ambientais (positivos e negativos), e licenças e outorgas necessárias d) estimativa inicial paramétrica dos custos e) avaliação da viabilidade técnica, estética, econômico-financeiro, ambiental, social, mercadológica, entre outras, de implantação, operação e manutenção do empreendimento f) consolidação do estudo de viabilidade com o registro dos elementos considerados, atividades desenvolvidas e conclusão

Projeto de norma de orçamento para infraestrutura 57

Estudo de concepção	O estudo de concepção é o trabalho técnico que tem por objetivo a conceituação e a definição das características gerais do empreendimento, sob os pontos de vista qualitativo e quantitativo, contemplando as diferentes partes constituintes, e considerando os aspectos: físico, funcional, técnico, estético, legal, social, ambiental, econômico e de segurança O estudo de concepção permite a racionalização do programa, a definição das soluções tecnológicas, o dimensionamento funcional do objeto e de suas partes, e define de forma integral o empreendimento, possibilitando o desenvolvimento das etapas subsequentes de projetos e a estimativa dos investimentos necessários	a) refinamento e confirmação do levantamento de dados, dos programas e do atendimento das normas e legislação incidente, efetuados na etapa anterior b) execução de levantamentos e investigações de campo preliminares c) definição de critérios e parâmetros de projeto e das etapas de implantação d) pré-dimensionamento e definição preliminar das características do empreendimento (unidades constituintes, dimensões básicas, traçados, modelagem, materiais, metodologias construtivas etc.), estudos de alternativas e análise comparativa, envolvendo os diversos aspectos de interesse para seleção da melhor alternativa para atendimento do objetivo do empreendimento
Anteprojeto	O anteprojeto é a representação técnica do detalhamento preliminar do empreendimento e de seus elementos, instalações e componentes, em conformidade com as definições aprovadas no estudo de concepção, destinado a possibilitar a caracterização do empreendimento como um todo, demonstrando e justificando adequadamente as soluções escolhidas, identificando com clareza os seus elementos constitutivos e as definições necessárias ao inter-relacionamento das atividades técnicas de projeto, englobando as várias especialidades envolvidas Deve atender as legislações pertinentes, além de conter as informações que possibilitem a identificação dos projetos legais e os processos de licenciamento e obtenção de outorgas necessárias	a) a demonstração e a justificativa do programa de necessidades, definido nas etapas de projetos anteriores b) a discriminação dos parâmetros de adequação aos requisitos estabelecidos pelo contratante c) a explicitação dos elementos que compõem a concepção estética, construtiva, funcional e operacional, definida no estudo de concepção d) a representação dos elementos técnicos que permitam a verificação das condições de solidez, segurança e durabilidade e) o pré-dimensionamento e as especificações técnicas das principais unidades constituintes f) a definição do empreendimento como um todo, a elaboração de um cronograma estimativo e o orçamento preliminar com indicação das referências de custos e quantitativos estimados g) as definições quanto ao nível de serviço desejado.

(Continua)

QUADRO 3.5. Principais características de cada etapa da Elaboração de planos, estudos e projetos segundo o projeto de norma ABNT NBR 16633-1 (2017) (*Cont.*)

Etapas	Conceito	Principais características
		Complementarmente, devem constar no anteprojeto, quando necessário, os seguintes documentos técnicos: a) projetos anteriores ou estudos preliminares que embasaram a concepção adotada b) levantamento topográfico e cadastral c) estudos ambientais, geológicos, geotécnicos, hidrológicos e outros d) indicação e análise preliminar quanto à qualidade, quantidade, localização e caracterização dos equipamentos e das fontes de materiais para construção e) memoriais descritivos dos elementos construtivos
Projeto básico	Projeto básico é o conjunto de documentos técnicos necessários e suficientes para a completa definição da obra a ser executada, abrangendo todas as disciplinas envolvidas e atendendo às normas técnicas e à legislação vigente	a) é elaborado com base nos resultados obtidos nas etapas de estudos e licenciamentos anteriores b) o projeto básico deve estabelecer, com precisão, por meio de seus elementos construtivos, todas as características, dimensões, especificações e quantidades de materiais, equipamentos e serviços, custos e prazos necessários para a implantação do empreendimento c) compreende, também, o projeto e a quantificação das intervenções provisórias e/ou complementares d) deve conter o orçamento detalhado do preço global da obra e) deve conter as informações que possibilitem a contratação das obras ou serviços e a elaboração dos processos de licenciamento e obtenção das autorizações e outorgas necessárias

Projeto executivo	Projeto executivo é o conjunto de documentos técnicos elaborados a partir do projeto básico, de acordo com as normas pertinentes, contendo os detalhamentos construtivos necessários É considerado o detalhamento final do projeto básico Deve conter os desenhos de todos os projetos específicos, especificações técnicas, caderno de encargos, memoriais descritivos, requisitos de desempenho, metodologias e todos os demais detalhes necessários à completa execução da obra e serviços	a) não altera as definições e quantificações contidas no projeto básico, e restringe-se ao detalhamento de metodologias ou procedimentos construtivos, previamente estabelecidos
Projetos legais	Compreendem os projetos, documentos e processos necessários para subsidiar a análise e aprovação, por parte dos órgãos e entidades competentes, dos pedidos para a obtenção das autorizações para implantação do empreendimento e dos licenciamentos das obras correlatas, bem como das outorgas necessárias	a) devem ser elaborados com base nas definições dos estudos e projetos, em atendimento às exigências estabelecidas nas legislações municipal, estadual e federal

- Pré-operação – etapa de teste operacional, onde são compatibilizadas as condições de projeto às condições reais de operação, e são avaliados os desvios entre o realizado e planejado.
- Operação assistida – "fase na qual se iniciam as atividades de operação e manutenção, em conjunto com as equipes do cliente, objetivando a transferência dos conhecimentos e responsabilidades, caracterizando a conclusão da implantação do empreendimento".

3.5 Parte 4: Execução de obras de infraestrutura

Conforme este projeto de norma as áreas abrangidas são:
a. instalações industriais;
b. obras de infraestrutura rodoviária, portuária, aeroportuária, ferroviária e metroviária;
c. obras de saneamento básico e tratamento de água e efluentes industriais;
d. obras fluviais, oceânicas dragagens e plataformas marítimas;
e. obras de usinas hidrelétricas, térmicas, eólicas e congêneres;
f. subestações e linhas de transmissão elétrica de média e alta-tensão;
g. transportes tubulares de água, óleo, combustíveis, gás, produtos químicos, fertilizantes e minérios;
h. outras.

Como base de orçamentação tem os conceitos de projetos e suas tipologias e principias fases de orçamentação.

Sobre projeto é afirmado que "o projeto da obra de construção ou empreendimento de engenharia é a peça fundamental na elaboração do orçamento. Dele são extraídos os dados básicos para o preenchimento da planilha orçamentária, os serviços e suas respectivas quantidades".

Os tipos de projetos são (1) Anteprojeto; (2) Projeto básico; (3) Projeto legal; e (4) Projeto executivo, conceitos e características, já apresentados no Quadro 3.4.

As principais fases da orçamentação dependem da fase de desenvolvimento do projeto. Os orçamentos podem ser: (1) orçamento estimativo; (2) orçamento preliminar; (3) orçamento analítico ou detalhado; e (4) orçamento sintético ou resumido. Esses conceitos já foram apresentados no decorrer deste capítulo e no Capítulo 1.

Segundo o projeto de norma ABNT NBR 16633-1 (2017), todo orçamento é composto por duas partes distintas:

a. Custo operacional da obra (CO): é representado por todos os valores constantes na planilha de custos, que por sua vez está dividido em custos diretos (CD) (custos diretos unitários) propriamente ditos e custos indiretos (CI), que são os gastos necessários para o apoio da obra a ser executado;

b. Benefício (bonificação) e despesas indiretas (BDI): é uma parcela, expressa em valor, que, acrescida ao custo operacional, resulta no preço da obra ou serviço.

O orçamento, depois de aprovado, transforma-se em preço de venda (PV). A estrutura do orçamento é apresentada no Quadro 3.6.

As partes e a estrutura do orçamento com os conceitos e componentes dos custos, diretos e indiretos, que são apresentados nesta parte do projeto de norma, serão explorados e analisados nos capítulos seguintes deste livro.

QUADRO 3.6. **Representação gráfica das partes que compõem os custos e o BDI na formação dos preços de venda, conforme o projeto de norma ABNT NBR 16633-1 (2017)**

Preço de venda[a]			
Gastos			Benefícios (Bonificação)
Custos obras		BDI	
Direto	Indireto	Despesas indiretas	Lucro
Mão de obra, materiais equipamentos e outros	Mobilização, desmobilização, canteiro de obras, administração local e outros	Administração central, encargos financeiros, tributos e outros	
Riscos e contingências			
Obra		Sede	
Empresa			

[a] Preço de venda: denominação dada a qualquer orçamento analítico ou sintético, mostrando o valor total de execução de uma obra de infraestrutura. Inclui os custos operacionais, acrescidos do BDI.

O mesmo ocorre com os seguintes itens apresentados nesta parte do documento normativo: (1) quantificação dos riscos; (2) benefícios e despesas indiretas (BDI), incluindo seus componentes, cálculos e formulações matemáticas; e (3) cálculo do preço de venda (PV).

3.6 Exercício

1. Seguindo o método de cálculo de formação do preço, com base nos quantitativos e preços unitários dos insumos utilizados, apresente o total do orçamento, considerando os dados das tabelas a seguir:

Custo da mão de obra		
Número de horas trabalhadas pela empresa = 176 h/mês		
Categoria profissional	Salário médio R$	Quantidade de horas alocadas (h)
Categoria profissional 1	2800,00	420
Categoria profissional 2	6100,00	260

Despesas diretas que impõem responsabilidade técnica – pessoa jurídica			
Discriminação	Unidade	Custo unitário R$	Quantidade
Parecer	global	3000,00	1
Levantamento de soldagem	ha	1800,00	4

Despesas diretas que impõem responsabilidade técnica – profissionais autônomos			
Discriminação	Unidade	Custo unitário R$	Quantidade
Consultor 1	global	8500,00	2
Consultor 1	h	300,00	85

Despesas diretas que impõem responsabilidade técnica – profissionais autônomos			
Discriminação	Unidade	Custo unitário R$	Quantidade
Escritório de campo	mês	3950,00	5
Plotagem papel sulfite padrão A0	un	8,50	38
Aluguel de veículo	dia	250,00	30

Referências

ABNT (Associação Brasileira de Normas Técnicas). (2017a) Projeto de norma ABNT NBR 16633: Elaboração de orçamentos e formação de preços de empreendimentos de infraestrutura, Parte 1. Rio de Janeiro: ABNT.

ABNT (Associação Brasileira de Normas Técnicas). (2017b) Projeto de norma ABNT NBR 16633: Elaboração de orçamentos e formação de preços de empreendimentos de infraestrutura, Parte 2. Rio de Janeiro: ABNT.

ABNT (Associação Brasileira de Normas Técnicas). (2017c) Projeto de norma ABNT NBR 16633: Elaboração de orçamentos e formação de preços de empreendimentos de infraestrutura, Parte 3. Rio de Janeiro: ABNT.

ABNT (Associação Brasileira de Normas Técnicas). (2017d) Projeto de norma ABNT NBR 16633: Elaboração de orçamentos e formação de preços de empreendimentos de infraestrutura, Parte 4. Rio de Janeiro: ABNT.

PMI (Project Management Institute). (2017) Um guia do conhecimento em gerenciamento de projetos (Guia PMBOK). 6ª ed. Newtown Square: PMI.

Capítulo 4
Operacionalizando um orçamento

Neste capítulo serão apresentados e discutidos os seguintes tópicos: (1) Introdução: Como estruturar um orçamento? (2) Análise dos projetos, documentações e condições de contorno; (3) Fase 2 – Identificação e listagem de todos os serviços; (4) Fase 3 – Cálculo dos quantitativos em função das unidades de medição e (5) Exercícios.

4.1 Introdução: Como estruturar um orçamento?

Iremos explorar as atividades e procedimentos que são realizados em uma empresa de construção para facilitar a elaboração do orçamento para um projeto, sendo este privado para uma incorporação imobiliária por exemplo, ou público para participar do processo de licitação da obra.

O processo de orçar é muito importante, pois permite que as empresas de construção determinem seus custos e forneçam um preço inferior ao qual não seria econômico a realização do trabalho. Os custos superestimados resultam em um preço mais elevado e rejeição pelo cliente ou a perda em um processo licitatório. Do mesmo modo, um custo subestimado poderia levar a uma situação em que o contratante incorre em perdas. Mesmo que a obra seja executada por um empreiteiro, o orçamento também deve fornecer a base para o controle do projeto.

O desenvolvimento de um orçamento exige que o engenheiro responsável interaja com muitos atores e uma grande quantidade de dados, se as informações geradas durante o processo não forem sistematizadas e ordenadas podem gerar muito retrabalho e, ainda, falhas e erros no produto final.

O objetivo deste capítulo é apresentar e explicar as fases que compõem a elaboração de um orçamento analítico ou detalhado, desenvolvido a partir de especificações detalhadas, composição de custos específicos e extensa pesquisa de preços dos insumos. Buscando um valor bem próximo do custo "real", com uma reduzida margem de incerteza.

O engenheiro orçamentista irá elaborar orçamentos mais eficientes seguindo procedimentos bem organizados. Com os orçamentos mais precisos os recursos da organização serão empregados de forma mais eficaz.

Para desenvolver uma abordagem sistemática, de forma melhor organizada para orçar, os objetivos da tarefa de elaboração devem ser compreendidos e divulgados para todos os agentes envolvidos dentro da organização.

Segundo Pratt (2012) esses objetivos são:
a. Preparar orçamentos de construção que permitirão ao empreiteiro obter trabalho lucrativo pelo processo de licitação competitiva.
b. Maximizar a precisão do processo de estimativa, incluindo procedimentos para conferência e verificar a precisão do trabalho.
c. Maximizar a produtividade do processo de orçar em termos de geração volume de informações com os recursos disponíveis.
d. Promovendo uma abordagem cooperativa de toda a empresa para orçar e licitar.

Quando a organização reconhece o valor de um bom orçamento, compromete toda a empresa em melhorar o processo e a qualidade do orçamento.

Podemos sistematizar a elaboração de um orçamento em seis grandes fases, onde os dados de saída são os dados de entrada da fase seguinte, a saber:

Fase 1 – Análise dos projetos, documentações e condições de contorno
↓
Fase 2 – Identificação e listagem de todos os serviços
↓
Fase 3 – Cálculo dos quantitativos em função das unidades de medição
↓
Fase 4 – Cálculo dos custos unitários de cada serviço
↓

> Fase 5 – Cotação de preços, Equipamentos e encargos sociais e complementares
> ↓
> Fase 6 – Cálculo do BDI, Preço de venda e elaboração de relatórios

As fases 1 a 4 serão abordadas neste capítulo, e as fases 5 e 6 nos capítulos 6, 7, 8 e 9.

4.2 Fase 1: Análise dos projetos, documentações e condições de contorno

A fase 1 não envolve cálculos, porém é uma fase de extrema importância, os dados e as informações identificados vão nortear as demais fases. Uma negligência nesta fase pode impactar negativamente no lucro final do projeto.

Estudos de Al-Harbi et al. (1994), Akintoye e Fitzgerald (2000) e Potts e Ankrah (2013) afirmam que os principais problemas enfrentados pelos orçamentistas são: concorrência difícil, contrato de curto período, complexidade do projeto, desenhos incompletos e especificações, definição incompleta do escopo do projeto, imprevisíveis mudanças nos preços dos materiais, mudanças nos requisitos dos proprietários, carga de trabalho atual, erros em julgamento, dados inadequados do tempo de produção, restrições do site, localização do projeto, método de construção, falta de dados históricos para empregos similares, e falta de experiência de projetos similares.

Pesquisa adicional de Akintoye e Fitzgerald (2000) identificou os fatores mais significativos que resultaram em orçamentos imprecisos: tempo insuficiente para a preparação da concorrência; documentação de processo licitatório insuficiente; análise insuficiente da documentação pela equipe de orçamento, baixo nível de envolvimento da equipe do local que será responsável pela construção; pobre comunicação entre as equipes de orçamento e construção e falta de revisão de custo pela administração da empresa.

Como já foi enfatizado no Capítulo 1 quanto mais informações contidas nos projetos mais detalhado será o orçamento.

Nesta fase, os orçamentistas devem realizar uma análise criteriosa dos **projetos** (básicos e/ou executivos), incluindo os projetos de arquitetura, complementares (estrutura, instalações elétricas, hidrossanitárias, gás, telefone, SPDA, incêndio, ar condicionado, etc.) e de produção, como, por exemplo: canteiro de obras, paisagismo, impermeabilizações, de fôrmas e outros (quando houver). Recomenda-se que a análise seja do projeto aprovado.

Aconselha-se que o engenheiro orçamentista participe do processo de gestão de projeto, visando compatibilizar as decisões de projeto com os futuros custos associados a estas decisões.

Além do exame e análise das plantas, cortes, vistas, perspectivas, detalhes, quadros, gráficos, notas esclarecedoras dos projetos descritos anteriormente, o orçamentista deve ler e interpretar os seguintes documentos:

- **Memorial descritivo**: informações e soluções técnicas descritas em forma de texto com o objetivo de detalhar e complementar as informações contidas nos desenhos dos projetos.
- **Especificações técnicas**: condições e regras, em forma de texto, que devem ser obedecidas para a execução dos serviços, como por exemplo: (1) descrição dos materiais de forma qualitativa; (2) padrão de acabamento; (3) critérios de aceitação dos materiais; (4) tipo de ensaios e as respectivas quantidades; e (5) características dos materiais (resistência do concreto – Fck, grau de compactação, granulometria dos agregados, etc.). Definindo e descrevendo individualmente sistemas construtivos, materiais, componentes e equipamentos.
- **Cadernos de encargos**: documento elaborado pela empresa contratante, de forma a padronizar as ações dos projetistas, construtores e fiscais de obra. É uma referência que deve ser obedecida na concepção e execução da obra, normalmente contém: procedimentos padronizados de serviços, detalhes construtivos, lista de verificação de itens para fiscalização de campo, critérios de medição de pagamento, requisitos de aceitação de serviço e outras definições.

Quando o orçamento for elaborado com a finalidade de apresentar uma proposta técnica/ comercial para participar de uma licitação pública ou privada, o orçamentista deve conhecer todas as regras do certame, que são descritas no **edital** e nos respectivos anexos. Podemos citar, a título de exemplo, as seguintes informações que podem impactar na elaboração do orçamento:

- Início e fim da obra
- Marcos contratuais
- Direitos e obrigações do contratante e contratado

- Penalidades
- Regime de execução
- Critérios de medição
- Habilitação técnica
- Qualificação econômico-financeira
- Regularidade fiscal
- Documentação exigida
- Licenciamento ambiental e desapropriação
- Seguros exigidos e outros

Especificamente, o contrato deve ser analisado com cautela, particularmente as cláusulas relativas ao custo do trabalho ou pagamento pelo trabalho realizado. Por exemplo, se o contrato designar um período de 60 dias para efetuar o pagamento, as taxas de financiamento podem precisar ser adicionadas no orçamento, na parcela do BDI.

Outro ponto importante desta fase refere-se a **visita técnica** ao local da obra, que pode ser física ou virtual. O orçamentista deve analisar e registrar informações como: (1) características físicas e geológicas, (2) topografia do terreno, (3) acesso, (4) localização de jazidas incluindo distâncias e volumes, (5) localização de fornecedores, (6) disponibilidade de mão de obra, (7) existência de infraestrutura, (8) sistemas de transportes, (9) interferências naturais existentes e outros.

Recomenda-se que a visita seja conduzida para análise do local da obra propriamente dito, além de registrar as condições das estruturas adjacentes, por meio de fotografias, relatórios, formulários de visitas, *check-lists* etc. Estas informações podem ser importantes para determinar se há danos a estes imóveis antes ou depois do início do trabalho do projeto.

As preocupações ambientais são outra área importante para o orçamentista durante a visita ao local. Cumprir os requisitos ambientais exigentes pode levar a uma proposta muito cara para um contratado, cabe ao orçamentista rever cuidadosamente o contrato e os documentos para avaliar a extensão da responsabilidade por possíveis problemas que o empreiteiro está assumindo nos termos do contrato.

Deve ser observado e investigado o histórico e dados da arqueologia do local a partir de informações locais e revisando relatórios de solos e quaisquer avaliações ambientais que possam estar disponíveis. Deve ser dada especial atenção à possibilidade de contaminação do solo na localização da obra.

Somente após ter acesso às informações e montar um banco de dados precisos, o contratante pode quantificar o risco financeiro imposto pelo contrato em relação a questões ambientais, impactando as reservas de contingências e os riscos (ver o Capítulo 8).

Recomenda-se que todas estas informações coletadas e analisadas dos projetos, das documentações técnicas, do edital e da visita técnica sejam apresentadas e discutidas com as equipes de gerenciamento, planejamento e execução da obra, para que em conjunto possam verificar o impacto no dimensionamento do canteiro de obras, na administração local, nas necessidades de equipamentos, condições ambientais, no prazo de execução e no custo da obra e as consequências destas definições no orçamento.

A reunião entre os gestores e a equipe de campo, juntamente com o time do orçamento, visa obter orçamentos mais precisos com maior qualidade. O objetivo da reunião é rever o orçamento em relação aos preços utilizados e de quaisquer decisões ou pressupostos subjacentes durante a sua elaboração. Materiais alternativos, métodos, equipamentos, custos e horários de mão de obra podem ser discutidos, reavaliados e alterados com o intuito de alcançar um preço de oferta mais competitivo.

Cabe ressaltar que após a análise dos projetos, documentações, contratos, visitas técnicas e reuniões os engenheiros orçamentistas terão em mãos uma gama muito grande de informações que devem ser sistematizadas, processadas, registradas e gerenciadas com cautela. Existe perigo em perder o controle do processo, resultando em erros na tarefa de orçar.

4.3 Fase 2: Identificação e listagem de todos os serviços

Concluída a fase anterior, o orçamentista, em posse de todas as informações levantadas e sistematizadas, deve listar os serviços que irão compor o escopo do projeto.

Para que o processo de orçamentação e controle sejam eficientes é necessário caracterizar os serviços previstos, quanto maior o grau de complexidade, mais cuidados e critérios deverá haver nesta caracterização.

Esta atividade requer atenção pois aquilo que não for identificado e relacionado não integrará o orçamento da obra, impactando tanto o custo da obra quanto o prazo, gerando atrasos.

Alguns conceitos são importantes, como o do escopo do projeto e do gerenciamento do escopo, que o PMI (2017) conceitua, respectivamente, como "o trabalho que deve ser realizado para entregar um produto, serviço e resultado com as características e funções especificadas". Logo, o gerenciamento do escopo do projeto deve "incluir os processos necessários para assegurar que o projeto inclua todo o trabalho necessário, e apenas o necessário, para que o projeto termine com êxito".

A especificação do escopo, segundo o PMI (2017), é "a descrição do escopo do projeto das principais entregas, premissas e restrições", isto é, descreve o "trabalho que será executado e o que será excluído". Então a obra/projeto pode ser dividida em partes quanto forem interessantes e convenientes para serem orçadas e gerenciadas.

Esta divisão é conhecida como Estrutura Analítica de Projeto (EAP) ou *Work Breakdown Structure* (WBS), que segundo o PMI (2017) é "a decomposição hierárquica do escopo total do trabalho a ser executado pela equipe do projeto a fim de alcançar os objetivos do projeto e criar as entregas requeridas".

Ao se fazer o desdobramento da obra em frações de serviços, está se criando uma EAP, que é, segundo o PMI (2017), "o processo de subdivisão das entregas e do trabalho do projeto em componentes menores e mais facilmente gerenciáveis".

O orçamentista deve fazer fracionar a obra/projeto de forma lógica, criteriosa e sequenciada, e deve se dar no nível em que os serviços acontecem, e que sejam medidos e pagos, abrangendo todo o escopo. Lembrando que o custo total é a soma dos custos orçados de cada um dos serviços que compõem a obra/projeto.

A EAP é uma estrutura hierarquizada de decomposição em níveis, onde o nível superior representa o projeto, os níveis subsequentes representam as partes do projeto, conforme o exemplo a seguir.

Considerando a construção de uma casa, logo a casa é o primeiro nível da EAP, porém para construí-la precisamos executar fundações, estruturas, alvenarias, revestimentos, instalações e coberturas, sendo estes serviços o segundo nível da EAP. Para facilitar a elaboração do orçamento e do gerenciamento da obra, podemos ter o terceiro nível, para o serviço de alvenaria, temos: marcação, elevação e encunhamento, e assim por diante.

A decomposição deve ocorrer até onde se pretenda ter o controle do custo e medições dos serviços realizados. É aconselhável compatibilizar o contrato, de forma que será medido e pago, com a identificações e listagens dos serviços.

Alguns cuidados são essenciais para a listagem dos serviços, lembrando que duas atividades são mutualmente excludentes para não ocorrer sobreposição de trabalho entre elas, com isso uma mesma atividade não pode estar em mais de um ramo. A montagem da EAP facilita o processo de orçamentação por utilizar atividades mais precisas e o entendimento das atividades e da lógica de decomposição.

Alguns autores, como Baeta (2012) e a NBR 12.721(2006), chamam a EAP por discriminação orçamentária ou plano de contas da construção. Importante que esta lista seja a mesma do planejamento para que possa usar por exemplo o EVM (Gerenciamento do valor agregado – *Earned value management*),[1] como ferramenta de monitoramento e controle de custo e prazo em projetos.

Resumindo, podemos sistematizar os pontos importantes que devem ser considerados na elaboração desta lista:
• Identificar e sistematizar os serviços a serem considerados durante a elaboração do orçamento, não poderão existir omissões.
• Sempre que necessário, os serviços podem ser detalhados em seus pormenores durante a discriminação.
• A lista é única para cada projeto, por isso deve atender às especificidades de cada obra.

---

1. EVM é uma ferramenta chave para medir o desempenho do projeto e é amplamente utilizado na indústria da construção para monitoramento (FLEMING & KOPPELMAN, 2002). Conforme o PMI (2017), "é uma metodologia que combina escopo, cronograma e medições de recursos para avaliar o desempenho e progresso do projeto". Ele integra a linha de base do escopo à linha de base dos custos e à linha de base do cronograma para formar a linha de base do desempenho para ajudar a equipe de gerenciamento do projeto e avaliar e medir o desempenho e progresso do projeto.

- A obra pode ser subdividida em atividades que possibilitem o controle dos insumos. Quanto mais detalhado e mais específico maior o rigor exigido e maior o detalhamento no controle do projeto.
- No momento de ramificar ou subdividir os serviços, estes deverão obedecer a critérios de afinidades, isto é, juntos ficam as coisas afins, alguns autores, como Cardoso (2009) e Baeta (2012), sugerem que sigam também a ordem cronológica durante a execução.
- Recomenda-se que, se o projeto tiver várias etapas, trechos, parcelas ou edificações, monte-se um orçamento para cada etapa, trecho, parcela ou edificação.

Segue o exemplo apresentado na NBR 12.721 (2006):

1. Serviços iniciais

1.1 Serviços técnicos
- Levantamentos topográficos
- Estudos geotécnicos/sondagens
- Consultorias técnicas
- Fiscalização/acompanhamento/gerenciamento
- Projeto arquitetônico
- Projeto estrutural
- Projeto elétrico/telefônico
- Projeto hidrossanitário
- Projeto de ar condicionado
- Projeto de prevenção contra incêndio
- Projeto luminotécnico
- Projeto som ambiental
- Projeto paisagismo e urbanização
- Maquete/perspectivas
- Orçamento/cronograma
- Fotografias

1.2 Serviços preliminares
- Demolições
- Cópias e plotagens
- Despesas legais
- Licenças, taxas, registros
- Seguros

1.3 Instalações provisórias
- Tapumes/cercas
- Depósitos/escritórios/proteção transeuntes
- Placa da obra

- Instalação provisória água
- Entrada provisória de energia
- Instalação provisória unidade sanitária
- Sinalização
- Instalação de bombas
- Bandejas salva-vidas
- Locação de obra

1.4 Máquinas e ferramentas
- Gruas
- Elevador de torre, cabine, guincho
- Andaime fachadeiro e suspenso
- Plataforma metálica com torres e engrenagens
- Guinchos
- Balancins/cadeiras suspensas

1.5 Administração da obra e despesas gerais
- Engenheiro/arquiteto de obra
- Mestre de obra
- Contramestre
- Apontador
- Guincheiro
- Vigia
- Pessoal administrativo
- Consumos combustíveis e lubrificantes
- Consumo água, luz, telefone
- Material de escritório
- Medicamentos de emergência
- EPI/EPC
- Bebedouros, extintores
- PCMAT/PCMSO

1.6 Limpeza da obra
- Limpeza permanente da obra
- Retirada de entulho

1.7 Transporte
- Transporte interno
- Transporte externo

1.8 Trabalhos em terra
- Limpeza do terreno
- Desmatamento e destocamento
- Replantio de arvores
- Escavações manuais
- Escavações mecânicas
- Reaterro
- Compactação de solo
- Desmonte de rocha
- Movimento de terra
- Retirada de terra

1.9 Diversos
- Laudos e despesas com vizinhos
- Outros

2. Infraestrutura e obras complementares
- Escoramentos de terrenos de vizinhos
- Esgotamento, rebaixamento lençol d'água e drenagem
- Preparo das fundações: corte em rochas, lastros
- Fundações superficiais/rasas
- Fundações profundas
- Reforços e consolidação das fundações
- Provas de cargas e estacas
- Provas de carga sobre terreno de fundação

3. Superestrutura
- Concreto protendido
- Concreto armado
- Estrutura metálica
- Estrutura de madeira
- Estrutura mista

4. Paredes e painéis

4.1 Alvenarias e divisórias
- Alvenaria de tijolos maciços
- Alvenaria de tijolos furados
- Alvenaria de blocos
- Paredes de gesso acartonado
- Divisórias leves
- Elementos vazados

4.2 Esquadrias e ferragens
- Esquadrias de madeira
- Esquadrias de ferro
- Esquadrias de alumínio
- Esquadrias plásticas
- Esquadrias mistas
- Persianas e outros
- Ferragens
- Peitoris

4.3 Vidros
- Vidros lisos transparentes
- Vidros fantasias
- Vidros temperados
- Vidros aramados
- Vidros de seguranças
- Tijolos de vidro

4.4 Elementos de composição e proteção fachadas
- Brises

5. Coberturas e proteção

5.1 Coberturas
- Estrutura de madeira para cobertura
- Estrutura metálica para cobertura
- Cobertura com telha fibrocimento
- Cobertura com telhas cerâmicas
- Cobertura com telhas plásticas
- Cobertura com telhas de alumínio
- Cobertura com telhas de aço
- Cobertura com telhas sanduíche
- Outros tipos de coberturas
- Funilaria

5.2 Impermeabilizações
- Impermeabilização da fundação
- Impermeabilização de sanitários
- Impermeabilização de cozinhas
- Impermeabilização de terraços e jardins
- Impermeabilização de lajes descobertas
- Impermeabilização de lajes de subsolo
- Juntas de dilatação

5.3 Tratamentos especiais
- Tratamento térmico
- Outros tratamentos especiais

6. Revestimentos, forros, marcenaria e serralheria, pinturas e tratamentos especiais

6.1 Revestimento (interno e externo)
- Revestimentos de argamassa
- Revestimentos cerâmico/azulejos
- Revestimentos de mármore e azulejo

- Revestimentos de mármore e granito
- Outros revestimentos
- Peitoris

6.2 Forros e elementos decorativos
- Forros de argamassa
- Forros de gesso em placa
- Forros de gesso acartonado
- Forros de madeira mineralizada
- Forros de alumínio
- Forros de plásticos
- Forros de madeira
- Outros tipos de forro
- Rodaforros e outros complementos

6.3 Marcenaria e serralheria
- Fechamento de *shafts*
- Alçapão
- Corrimão e guarda corpo
- Escada de marinheiro
- Gradis e grades
- Portões de veículos e de pedestres
- Porta corta-fogo
- Grelhas de piso
- Chaminé metálica
- Coifa
- Balcões de madeira
- Caixa de correio
- Escadas metálicas
- Outros

6.4 Pinturas/selador paredes
- Selador de portas e madeiras
- Massa corrida pva e acrílica
- Pintura PVA
- Pintura acrílica
- Revestimento texturizado
- Pintura a cal
- Pintura esmalte sobre ferro
- Pintura esmalte sobre madeira
- Pintura verniz sobre madeira
- Pintura verniz sobre alvenaria
- Outros tipos de pinturas

6.5 Tratamentos especiais internos
- Tratamento acústico
- Outros tipos de tratamentos

7. Pavimentação

7.1 Pavimentações
- Contrapiso
- Pisos cerâmicos
- Pisos de ardósia
- Concreto desempenado
- Cimentados
- Pisos de basalto
- Pisos de madeira
- Pisos de mármore e granito
- Pisos plásticos
- Carpetes e tapetes
- Pisos de granitina
- Pisos de blocos
- Meio-fio
- Degraus e patamares

7.2 Rodapés, soleiras
- Rodapé cerâmico
- Rodapé cimentado
- Rodapé de ardósia
- Rodapé de madeira
- Rodapé plástico
- Rodapé de granitina
- Rodapés de mármore e granito
- Rodapés de basalto
- Soleira de ardósia
- Soleira de madeira
- Soleira de granitina
- Soleiras de mármore e granito
- Soleiras de basalto

8. Instalações e aparelhos

8.1 Aparelhos e metais
- Registros
- Válvulas
- Ligações flexíveis
- Sifões
- Torneiras
- Bacias sanitárias
- Cubas
- Lavatórios
- Tanques
- Mictórios

- Tampos
- Complementos de louças
- Equipamentos sanitários para deficientes
- Saboneteira para líquido
- Secador de mãos elétrico

8.2 Instalações elétricas
- Eletrodutos, conexões, buchas e arruelas
- Fios e cabos
- Caixas e quadro de comando
- Tomadas e interruptores
- Luminárias, acessórios, postes, lâmpadas
- Equipamentos elétricos diversos
- Entrada de energia
- Eletrodutos e conexões telefônicas
- Fios e cabos telefônicos
- Caixas telefônicas
- Equipamentos telefônicos diversos
- Eletrodutos, fios, caixas para lógica e TV a cabo
- Sistema de proteção contra descargas atmosféricas
- Mão de obra

8.3 Instalações hidráulica, sanitária e gás
- Tubos e conexões de água fria
- Tubos e conexões de água quente
- Tubos e conexões de esgoto sanitário
- Tubos e conexões de água pluviais
- Instalação de GLP
- Mão de obra

8.4 Prevenção e combate a incêndio
- Tubos e conexões
- Válvulas e registros
- Abrigos, hidrantes, mangueiras, extintores

8.5 Ar condicionado

8.6 Instalações mecânicas
- Elevadores
- Monta-cargas
- Escadas rolantes
- Esteiras e planos inclinados
- Outras instalações mecânicas

8.7 Outras instalações

9. Complementação da obra

9.1 Calafete e limpeza
- Limpeza final
- Retirada de entulho
- Desmontagem do canteiro de obras

9.2 Complementação artística e paisagismo
- Paisagismo
- Obras artísticas e painéis
- Diversos

9.3 Obras complementares
- Complementos, acabamentos, acertos finais

9.4 Ligação definitiva e certidões
- Ligação de água, luz, telefone, gás etc.
- Ligações de redes públicas

9.5 Recebimento da obra
- Ensaios gerais nas instalações
- Arremates
- Habite-se

9.6 Despesas eventuais
- Indenizações a terceiros
- Imprevistos diversos

10. Honorários do construtor

11. Honorários do incorporador

Na EAP anterior, a norma não coloca cada item com sua numeração de forma analítica, existindo bullets nos níveis mais baixos da EAP, o que não é aconselhável por não permitir a leitura por programas computacionais. O mais adequado seria colocar de forma itemizada com números até o seu menor nível para representar uma inequívoca dependência das partes de um serviço menor a um serviço mais global.

Lembrando que não existe uma EAP padrão ou correta, cada orçamentista deve elaborar a sua conforme as características da obra, cada projeto é único, e aqui estão descritas apenas recomendações. A EAP será a base para planilha orçamentaria, peça fundamental para o planejamento e controle do projeto, e esta deve ser usada como um instrumento gerencial para monitoramento do planejado e realizado para o custo e também para o prazo.

4.4 Fase 3: Cálculo dos quantitativos em função das unidades de medição

O Método do Custo Unitário, que é usado para elaboração de orçamento, parte do princípio do fracionamento, como não é possível avaliar, com precisão, o valor do projeto, divide-se a obra em partes ou serviços, como foi explicado no item anterior, onde cada parte é avaliada e/ou apropriada ao seu custo. Depois somam-se todos os custos, resultando no custo final do orçamento.

Após a identificação de quais serviços irão compor o orçamento e por consequência a obra, precisamos agora determinar o quanto de cada serviço deverá ser executado para definir o custo. Identificamos o serviço de alvenaria, mas quantos metros quadrados (m^2) precisam ser executados?

Esta etapa de quantificação exige do engenheiro orçamentista atenção e cuidado, pois erros nesta etapa podem causar um superfaturamento e/ou barateamento dos serviços, com consequências na lucratividade do construtor. As informações quantificadas definem a quantidade de insumos e o dimensionamento da mão de obra e de equipamentos.

Para responder a essa pergunta teremos que quantificar os serviços com base nas informações do projeto aprovado e do memorial descritivo.

Mas, aí surgem uma nova pergunta, como quantificar?

A Figura 4.1 apresenta um fluxograma de informações que sistematiza a sequência de como fazer a quantificação.

A confiança do levantamento depende de se as informações dos projetos e dos memoriais descritivos foram atendidas. Logo, o inverso também é válido, quando não se consegue levar o quantitativo a partir do projeto, este deve ter alguma incompatibilidade e/ou falha neste projeto. Estas falhas podem exigir cuidados na definição das taxas de contingências e no gerenciamento dos riscos.

82 Conhecendo o Orçamento de Obras

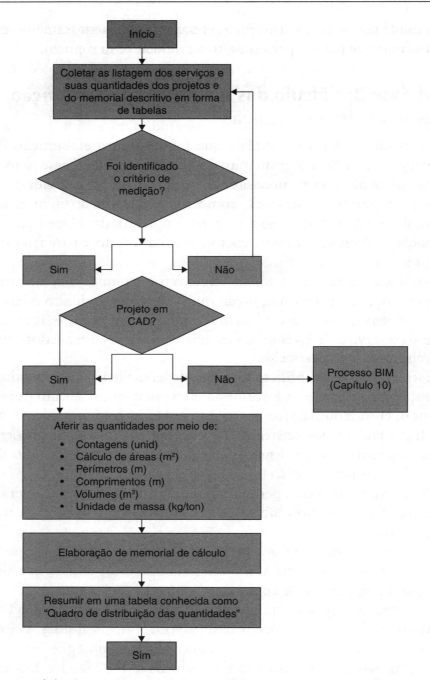

FIGURA 4.1. Fluxograma com as etapas de como realizar a quantificação dos serviços.

Conforme a Figura 4.1 a primeira ação é sistematizar as informações coletadas nos projetos e nos demais documentos em uma planilha com o intuito de facilitar a identificação do critério de medição e registrá-lo para facilitar o levantamento propriamente dito.

O critério de medição e pagamento irá determinar como serão levantados os quantitativos. Por exemplo, para levantar um serviço de alvenaria deve ou não descontar os vãos e aberturas? A resposta depende de como o serviço será aferido e pago.

Se a construtora usa o critério do TCPO (PINI), descontar o que exceder 2 m², ou se ela usa o critério do caderno técnico[2] do Sinapi,[3] "utilizar a área líquida das paredes de alvenaria de vedação, incluindo a primeira fiada", a quantidade de alvenaria será diferente, porém os dois números encontrados estão corretos (desde que não haja erros de aritmética). A escolha dependerá de como o serviço será pago e com quais critérios os indicadores de produtividade da composição foram criados; por isso, no levantamento de quantitativos, deve-se sempre atender ao mesmo critério de medição indicado no manual orçamentário.

O mais importante nesta etapa é a identificação do critério de medição e, por consequência, o levantamento (quantificação) deverá obedecê-lo.

Agora precisamos efetivamente quantificar, existem três formas que o projeto pode ser apresentado:
1. Impresso, isto é, em papel
2. Em CAD, mídia eletrônica
3. Em tecnologia BIM (Building Information Modelling) será explicado e exemplificado no Capítulo 10.

No primeiro caso, o engenheiro terá que fazer o uso de escalímetro e ter alguns cuidados: (1) conferir a revisão do projeto; (2) escala da planta; (3) estabelecer uma rotina de leitura de projeto que deverá ser obedecida até o final dos trabalhos, da esquerda

---

[2]. Caderno técnico: "documento que apresenta os componentes da composição e suas características, critérios para quantificação do serviço, os critérios de aferição, as etapas construtivas, além de referências bibliográficas e normas técnicas aplicáveis" (CEF, 2015).

[3]. Sinapi – Sistema Nacional de Pesquisa de Custos e Índices da construção civil. No Capítulo 5 serão tratadas outras definições importantes.

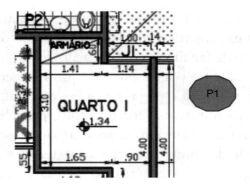

FIGURA 4.2. Quarto 1 – Planta baixa.

para direta, de cima para baixo, por exemplo; e (4) sistematizar as informações coletadas a "mão" em planilhas eletrônicas.

Considerando que esteja coletando a área de alvenaria do quarto da Figura 4.2, o orçamentista deverá anotar em uma planilha as informações coletadas, conforme a Tabela 4.1.

No segundo caso, os comandos em CAD "área" e "perímetros" são conhecidos, mais ainda existem alguns cuidados: (1) conferir a revisão do projeto; (2) estabelecer uma rotina de leitura de projeto que deverá ser obedecida até o final dos trabalhos; (3) congelar layers que possam prejudicar o levantamento; (4) quando for tomar medidas lineares, fazer o uso de ENDPONTS; e (5) sistematizar as informações coletadas a "em tela" em planilhas eletrônicas.

Seguem algumas dicas de orçamentação, independente se o projeto está impresso ou em CAD:

1. Calcular e documentar todos os quantitativos em planilhas eletrônicas onde ficará padronizado o que for levantado, e os cálculos ficaram automatizados conforme os critérios de medição adotados.
2. Orientações quanto as dimensões:
• Elementos por contagem (un): bancadas, portas, janelas, vasos sanitários.
• Elementos por área (m^2): alvenaria, revestimentos chapisco, reboco, pinturas etc.:
   a. Especificamente nos serviços de telhamento, observar que a área de telha que deve ser tomada é a do plano inclinado do telhado e não de sua projeção, a menos que o critério de medição da composição de custo adotada preveja que a área é a de projeção (neste último caso, quem elaborou a composição de

TABELA 4.1. Exemplo de planilha de quantificação de alvenaria

Quantidade
Serviço: Alvenaria
Material: Bloco cerâmico 19 × 19 × 19
Local
Apt
Número de repetições

Elemento	Dados de projeto			Aberturas				Verga/Contraverga				
	Comp (m)	Pé direito (m)	Área (m²)	Janela (m²)	Porta (m²)	Desconto	Área (m²)	Elemento	Comp (m)	Larp (m)	Alt (m)	Quat.	Volueme (m²)
P1	3,1	2,72	8,432	0			8,432						
	TOTAL			TOTAL								TOTAL	

custo já majorou o indicador de consumo de telhas em função da projeção do telhado). Para calcular a quantidade de telhas do plano inclinado, você deverá lembrar do Teorema de Pitágoras, onde a área de telhas é a hipotenusa multiplicada pelo comprimento do telhado. Para chegar na hipotenusa, conhecem-se os catetos: altura de ponto máximo do telhado e sua largura.

   b. Serviço de pintura:

      i. O consumo de tinta é depende das condições do substrato, do tipo de tinta e do consumo da tinta informado pelo fabricante. Aqui, novamente, ficar atento ao critério de medição da composição adotada, pois o número de demãos já pode ter sido considerado na descrição da composição e nos coeficientes de consumo. Se assim for, o orçamentista simplesmente entrará com a área a ser pintada, sem aumentá-la em função do número de demãos.

      ii. Áreas de pinturas com muitas reentrâncias são calculados em função do vão de luz multiplicado por um fator que depende da quantidade de reentrâncias, quanto maior a dificuldade maior o fator.

- Elemento por metro (m): marcação de alvenaria, fio, eletroduto, meio-fio, etc.
- Elemento por volume (m^3): solo (escavação/aterro), concreto, demolição, argamassa.
- Elemento por massa (kg/ton): armação, conforme a Tabela 4.2 de conversão.

3. Não esquecer de quantificar os serviços que são provisórios, utilizados durante a etapa executiva, mas são retirados antes da entrega do empreendimento, como fôrma, escoramento, canteiro de obras (tapume, barracão de obra, etc.) e equipamentos como andaime, balancim e outros). Recomenda-se utilizar o projeto executivo para desenvolver os projetos de produção,[4] em posse destes projetos é possível levantar fôrma e escoramento. Sem estes projetos estes serviços são estimados, pois não há detalhes para

---

4. Segundo Silva e Souza (2003), projeto de produção é um detalhamento em forma de "ordem de serviço", isto é, com especificidade de todos os materiais e componentes e do processo de execução específico de cada projeto.

TABELA 4.2. Conversão de armação em função da bitola por kg/m

Diâmetro		
mm	polegada	Kg/m
5,0	3/16"	0,16
6,3	¼"	0,25
8,0	5/16"	0,40
10,0	3/8"	0,63
12,5	½"	1,00
16,0	5/8"	1,60
20,0	¾"	2,50
22,3	7/8"	3,00
25,0	1"	4,00
32,0	1 ¼"	6,30

dimensionar a quantidade dos elementos de fôrma de madeira, como: chapa compensada, tensor, sarrafos e outros.

4. O orçamentista não pode desprezar os efeitos físicos: (1) **empolamento** (E), onde o material escavado (solo ou rocha) expande em volume, expresso em percentagem; (2) **contração** (C) quando o solo é compactado por processo mecânico, o volume final é inferior a mesma massa de corte, também expressa por percentagem, havendo variação em função do equipamento usado para compactação, quantidade e espessura das camadas de aterro.

Os dois fenômenos variam em função do tipo de solo, grau de coesão do material e umidade.

A Figura 4.3 exemplifica o empolamento e a contração.

Em equações matemáticas temos:

A. Empolamento usando a massa específica, temos a Equação 4.1:

$$E = \frac{\gamma_c}{\gamma_s} - 1 \qquad (4.1)$$

Onde:
E = Empolamento (%)
γ_c = Massa específica no corte (*in situ*)
γ_s = Massa específica do material solto

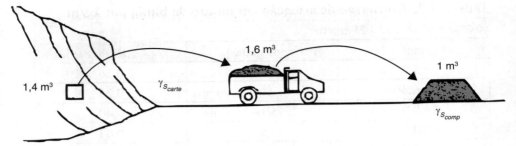

FIGURA 4.3. Empolamento e contração dos solos em serviços de terraplenagem considerando a massa específica.

B. Empolamento em volume, temos a Equação 4.2:

$$E = \frac{\gamma_C}{\gamma_S} - 1 \qquad (4.2)$$

Onde:
V_s = Volume solto
V_c = Volume medido no corte

A razão entre volume no corte (V_c) e o volume de solto (V_s) é conhecido como fator de conversão (ϕ). Na Tabela 4.3 é apresentado o fator de conversão para diferentes materiais, normalmente utilizados em obras rodoviárias, com suas respectivas origens e destinos.

C. Contração em volume, temos a Equação 4.3:

$$C = \frac{V_A}{V_C} \qquad (4.3)$$

Onde:
C = Contração (%)
V_A = Volume compactado no aterro
V_c = Volume medido no corte

D. A Equação 4.4 apresenta a contração usando massa específica:

$$C = \frac{\gamma_C}{\gamma_A} \qquad (4.4)$$

Onde:
C = Contração (%)
γ_C = Massa específica no corte (*in situ*)
γ_A = Massa específica do material compactado

TABELA 4.3. **Resumo dos fatores de conversão de volumes adotados em obras rodoviárias**

Atividade		Fator de conversão
Origem	Destino	
Escavação comum (1ª categoria)	Aterro compactado	0,8
Escavação de material de 2ª categoria	Aterro compactado	1
Saída do sistema de beneficiamento	Aterro compactado	0,9
Escavação em rocha (obrigatória ou pedreira)	Enrocamento compactado	1,3
Escavação comum (1ª categoria)	Bota - fora	1,25
Escavação de material de 2ª categoria	Bota - fora	1,3
Escavação obrigatória em rocha	Bota - fora	1,5
Escavação em jazida de areia	Transição compactada	0,9
Escavação em jazida de cascalho	Transição compactada	1
Pilha de material britado/beneficiado	Transição compactada	0,8
Escavação em areia de jazida	Pilha de estoque	1

Fonte: TC 013.350/2008-1.

5. Quando o orçamentista levantar o volume de Demolição, deve ficar atento, pois o volume aumenta em forma de entulho, com isso o volume de remoção deve ser maior que o volume de demolição. Mattos (2006) sugere que o volume de remoção seja 2 vezes maior que o volume de demolição.

6. O orçamentista deve fazer algumas considerações sobre as perdas:[5]

Seguir o critério de medição da composição que, em geral, considera as perdas no coeficiente de consumo. Portanto, considerar as áreas líquidas no levantamento de quantitativo.

Cabe ao orçamentista optar por aquela que melhor se adequa a obra, ao contrato e ao apetite de riscos dos tomadores de decisão. Porém, ainda há a necessidade de verificar se o projeto já

---

5. Segundo Souza (2005) perda é toda quantidade de material consumida além da quantidade teoricamente necessária, que é aquela indicada no projeto e nos memoriais para o produto ser executado.

TABELA 4.4. **Exemplo do quadro de distribuição de quantidades**

Códigos	Serviços	Un.	QTDE.	QTDE. Pav. Térreo (QPT)	QTDE. Pav. Tipo (QPTi)	QTDE. Cobertura (QC)
	Conforme a EAP		$\Sigma = QPT$ $+N^* QPT_i$ $+QC$			

contemplou um percentual de perdas, como, por exemplo, no quadro de armadura no projeto estrutural.

Sabendo que o orçamento é o resultado do produto entre quantidades e custos, até o momento encontramos as quantidades sistematizadas em planilhas, que são conhecidas como memorial de cálculo. Estas informações totalizadas de todos os serviços identificados na fase 2 devem ser transferidas para o Quadro de Distribuição de Quantidades, em forma de resumo, conforme apresentado no exemplo a seguir (Tabela 4.4).

4.5 Fase 4: Cálculo dos custos unitários de cada serviço

Como já foi salientado a elaboração de orçamento analítico é a forma mais precisa e mais usual de estimar os custos da obra no Brasil. É preparado a partir de composições de custos unitários para os serviços de cada etapa da obra, onde é definido o valor financeiro da execução de uma unidade de serviço, em função de todos os insumos necessários.

A composição é o custo correspondente a uma unidade de serviço, como por exemplo:
• Assentamento simples de 1 m de tubo de ferro fundido
• Assentamento de 1 m de tubo PVC com junta plástica
• Execução de 1 m^2 de revestimento de concreto projetado
• Montagem e desmontagem de 1 m^2 de formas de pilares
• Execução de 1 m^3 de camada drenante
• Escavação vertical a céu aberto, incluindo carga, descarga e transporte de 1 m^3 de solo
• Execução de 1 (unidade) de boca de lobo em alvenaria de tijolo maciço
• Instalação de 1 (unidade) de janela de madeira tipo veneziana

- Armação de 1 kg de tela de aço soldada de nervurada
- 1 hora de esgotamento com moto-bomba autoescovante

Os insumos necessários na execução dos serviços, com as quantidades e custos unitários, compondo a planilha orçamentária. Estes são os equipamentos, mão de obra e materiais de construção.

Para montar a composição unitária de cada serviço é preciso estimar a quantidade/consumo de cada material, a produtividade da mão de obra e dos equipamentos necessários para executar uma unidade do serviço.

Os elementos que compõem uma composição são dados por, segundo a CEF (2017):

- Descrição: caracterização dos serviços, explicitando as características (fatores) que impactam na formação dos coeficientes e que diferenciam a composição unitária.
- Unidade de medida: unidade física de mensuração do serviço (m^2, m^3, kg etc.).
- Insumos/ composição auxiliares: elementos necessários à execução do serviço, que os insumos (mão de obra, materiais e equipamentos) e/ou composições auxiliares.
- Coeficientes de consumo e produtividade: quantificação dos itens considerados na composição de custo do serviço.

A Figura 4.4 apresenta um exemplo de uma composição unitária.

Nesta composição podemos observar os seguintes insumos para executar 1 m^3 de concretagem de paredes e lajes para o sistema construtivo Parede de Concreto:

Mão de obra: Pedreiro, carpinteiro e servente

Material: Concreto usinado

Equipamento: Vibrador de imersão

Nos itens referentes a mão de obra informa-se a produtividade,[6] preço/horário e encargos sociais/encargos complementares.[7] No material, aborda-se o consumo por unidade de serviço, custos, perdas, impostos e reaproveitamentos. Nos equipamentos é informado

---

6. Parte do princípio que o serviço deve ser medido e pago agregando tanto o tempo efetivo de execução (produtivo) como os tempos improdutivos, parcela de tempo inerentes ao processo construtivo, como descolamento no canteiro, paralisações para instrução da equipe, preparação e troca da frente de trabalho. Diferente de um tempo ocioso é a parcela de tempo desnecessária.
7. Conceitos que serão tratados no Capítulo 6.

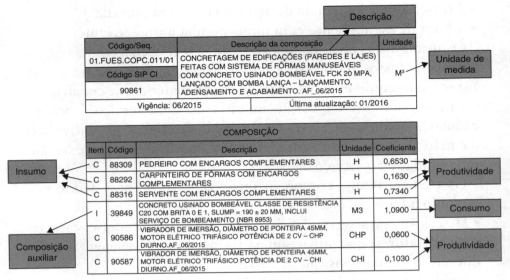

FIGURA 4.4. Exemplo de composição concretagem de edificações (paredes e lajes) feitas com sistema de fôrmas manuseáveis com concreto usinado bombeável, fck 20 Mpa, lançado com bomba lança – lançamento, Adensamento e acabamento. Af_06/2015.
Fonte: Adaptado de Sinapi.

a produtividade, empolamentos, disponibilidade e custo unitário do horário.

Algumas composições unitárias apresentam os coeficientes dos equipamentos em duas parcelas, conforme o exemplo da Figura 4.5, produtivo (CHP) e improdutivo[8] (CHI).

Estes coeficientes são calculados em função da especificação técnica do serviço, neste exemplo: concretagem de edificações (paredes e lajes) feitas com sistema de fôrmas manuseáveis com concreto usinado bombeável, FCK 20 MPA, lançado com bomba lança – lançamento, adensamento e acabamento.

Se for alterado o concreto para concreto usinado autoadensável, a composição unitária é apresentada na Tabela 4.5.

Como podemos observar houve alteração nos insumos e nos respectivos coeficientes de consumo e produtividade. Os coeficientes unitários dos consumos de mão de obra, equipamentos e materiais

---

8. Custo horário produtivo consideram os tempos do equipamento em funcionamento e o custo horário improdutivo os tempos sem funcionamento dos equipamentos.

Operacionalizando um orçamento 93

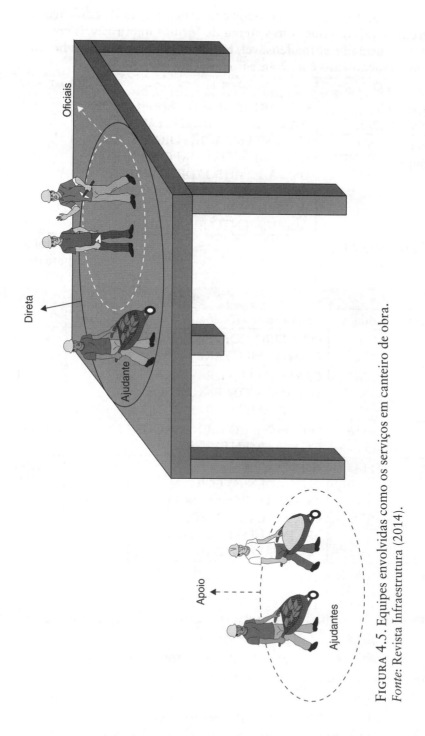

FIGURA 4.5. Equipes envolvidas como os serviços em canteiro de obra.
Fonte: Revista Infraestrutura (2014).

TABELA 4.5. Exemplo de composição concretagem de edificações (paredes e lajes) feitas com sistema de fôrmas manuseáveis com concreto usinado autoadensável, fck 20 Mpa, lançado com bomba lança – lançamento e acabamento

Código/Seq.	Descrição da Composição	Unidade
01.FLUES COPC.012/01 Código SIPCI 90862	CONCRETAGEM DE EDIFICAÇÕES (PAREDES E LAJES) FEITAS COM SISTEMA DE FÔRMAS MANUSEÁVEIS COM CONCRETO USINADO AUTOADENSÁVEL, FCK 20 MPA, LANÇADO COM BOMBA LANÇA – LANÇAMENTO E ACABAMENTO AF_06/2015	m³
Vigência: 06/2015		Última atualização: 08/2015
COMPOSIÇÃO		

Item	Código	Descrição	Unidade	Coeficiente
C	88309	PEDREIRO COM ENCARGOS COMPLEMENTARES	h	0,3010
C	88262	CARPINTEIRO DE FÔRMAS COM ENCARGOS COMPLEMENTARES	h	0,1510
C	88316	SERVENTE COM ENCARGOS COMPLEMENTARES	h	0,4520
I	11147	CONCRETO AUTOADENSÁVEL (CAA) CLASSE DE RESISTÊNCIA C20, ESPALHAMENTO SF2, INFLUI SERVIÇO DE BOMBEAMENTO (NBR 15823)	m³	1,0900

Fonte: Adaptado de Sinapi.

têm grande influência e importância no planejamento e no controle da obra.

No planejamento na etapa de montagem do cronograma físico-financeiro e no controle passa a ser a aferição da estimativa realizada, que pode ser usada no monitoramento e como geração de dados históricos para os próximos orçamentos.

Devem ser considerados os insumos relativos a mão de obra, material e equipamentos. E isso pode ser feito antes do serviço como uma estimativa ou após a conclusão do serviço como um controle de custos. Ambas são importantes, haja vista que a primeira é utilizada no processo de orçamentação e a segunda baliza as informações a serem utilizadas nesse processo.

O preço do insumo deve ser obtido por pesquisas de mercados e/ou a utilização de preços referenciais como, por exemplo, Sinapi e Sicro.

A Tabela 4.6 apresenta um exemplo de composição de custo unitário para a execução de alvenaria de vedação de blocos cerâmicos furados na vertical de 19 × 19 × 39 cm (espessura, 19 cm) de paredes com área

TABELA 4.6. Exemplo de composição unitária

Insumo	Unidade	Coeficiente	Custo unitário (R$)	Custo total (R$)
Tela de aço soldada galvanizada/zincada para alvenaria, fio d = *1,20 a 1,70* mm, malha 15 × 15 mm, (c × l) *50 × 17,5* cm	m	0,4200	1,73	0,73
Pino de aço com furo, haste = 27 mm (ação direta)	cento	0,0100	43,29	0,43
Bloco cerâmico de vedação com furos na vertical, 19 × 19 × 39 cm – 4,5 MPa (NBR 15270)	un	13,3500	1,92	25,63
Argamassa traço 1:2:8 (cimento, cal e areia média) para emboço/massa única/ assentamento de alvenaria de vedação, preparo manual. af_06/2014	m³	0,0138	456,17	6,30
Pedreiro com encargos complementares	h	0,8800	17,92	15,77
Servente com encargos complementares	h	0,4400	13,15	5,79

Fonte: Adaptado de Sinapi-DF 10/17.

líquida maior ou igual a 6 m² sem vãos e argamassa de assentamento com preparo manual, segundo o Sinapi-DF de outubro de 2017.

As colunas da composição de custo unitário são:
- Insumo: descreve cada um dos itens necessários à execução como o profissional de mão de obra, os materiais e os equipamentos
- Unidades: apresenta a unidade de medida do insumo
- Coeficiente: é a incidência de cada insumo na execução de uma unidade de serviço, ou seja, quanto daquele insumo é utilizado
- Custo unitário: é o custo de aquisição ou emprego do insumo
- Custo total: multiplicação do índice pelo custo unitário

Tomando-se, ainda, o exemplo apresentado na Tabela 4.5, entende-se que para a execução de 1 m² da alvenaria apresentada, necessita-se dos seguintes materiais:
- 0,42 metros de tela de aço galvanizado
- 0,01 centos de pinos de aço com furo
- 13,35 unidades de bloco cerâmico
- 0,0138 m³ de argamassa para assentamento

Ademais, verifica-se que a mão de obra necessária é de:
- 0,88 horas de pedreiro
- 0,44 horas de servente

Com esses dados fornecidos pela composição, é possível orçar um determinado serviço de alvenaria que utilize o sistema de vedação apresentado, assim como, dimensionar a equipe que será necessária, como é mostrado no Exemplo 1.

Exemplo 1

Orçar e dimensionar a equipe para a execução de 100 m² de alvenaria de vedação de blocos cerâmicos furados na vertical de 19 × 19 × 39 cm (espessura, 19 cm) de paredes com área líquida maior ou igual a 6 m² sem vãos e argamassa de assentamento com preparo manual, em 44 horas.

Quantidades totais:
- Tela de aço: 0,42 × 100 = 42 m
- Pino de aço: 0,01 × 100 = 1 cento
- Bloco cerâmico: 13,35 × 100 = 1335 unidades
- Argamassa de assentamento: 0,0138 × 100 = 1,38 m³
- Horas de pedreiro: 0,88 × 100 = 88 horas
- Horas de servente: 0,44 × 100 = 44 horas

Custos totais

- Tela de aço: 42 × 1,73 = R$ 72,66
- Pino de aço: 1 × 43,29 = R$ 43,29
- Bloco cerâmico: 1335 × 1,92 = R$ 2563,20
- Argamassa de assentamento: 1,38 × 456,17 = R$ 629,52
- Horas de pedreiro: 88 × 17,92 = R$ 1576,96
- Horas de servente: 44 × 13,15 = R$ 578,60

O que gera um custo total de R$ 5464,22 reais para o serviço.

Para o dimensionamento da equipe divide-se a quantidade total de homens-horas de pedreiro e de servente pelo prazo do serviço, no caso, 44 horas.

- Pedreiro: 88 homens-hora/44 horas = 2 pedreiros
- Servente: 44 homens-hora/44 horas = 1 servente

Com isso, para execução do serviço no prazo estipulado, necessita-se de uma equipe composta por dois pedreiros e um servente, como equipe direta.

No Sinapi, o esforço das equipes diretas está considerado na composição principal; no exemplo de alvenaria, tanto a execução do serviço quanto o transporte dos materiais no pavimento/proximidades do serviço, que é feito em conjunto com outras atividades pelo ajudante, são contemplados na composição.

A Figura 4.5 exemplifica a configuração de operários em um canteiro de obra de edificações, com as equipes diretas que trabalham na execução dos serviços e as equipes de apoio que produzem, abastecem e transportam a produção intermediária, como por exemplo argamassa.

Observando a Tabela 4.7 temos o insumo Argamassa traço 1:2:8, que é conhecida como uma composição auxiliar, que significa que este insumo se desdobra em outra composição, conforme apresentado na Tabela 4.6. Nesta composição auxiliar aparece a produtividade do "servente" (ajudante) que se refere a equipe de apoio.

Para produzir 1 m^3 de argamassa 1:2:8 são necessários 1,26 m^3 de areia, 181,07 kg de cimento e 188,94 kg de cal hidratada, como a produção é manual não há horas de equipamentos.

Contudo, se usarmos outra composição com produção mecânica (Tabela 4.8), podemos observar que todos os coeficientes foram alterados, modificando a forma de preparo de manual para mecânico. Houve redução do coeficiente de mão de obra, aumento do

TABELA 4.7. **Exemplo de composição unitária**

Código/Seq.	Descrição da Composição	Unidade
01.SEDI.ARGA.091/01 Código SIPCI 87369	ARGAMASSA TRAÇO, 1:2:8 (CIMENTO, CAL E AREIA MÉDIA) PARA EMBOÇO/MASSA ÚNICA/ ASSENTAMENTO DE ALVENARIA DE VEDAÇÃO, PREPARO MANUAL. AF_06/2014	m³
Vigência: 06/2014		Última atualização: 12/2014

Composição				
Item	Código	Descrição	Unidade	Coeficiente
C	88316	SERVENTE COM ENCARGOS COMPLEMENTARES	h	11,3700
I	370	AREIA MÉDIA – POSTO JAZIDA/FORNECEDOR (SEM FRETE)	m³	1,2600
I	1379	CIMENTO PORTLAND COMPOSTO CP II-32	kg	181,0700
I	1106	CAL HIDRATADA CH-I PARA ARGAMASSA	kg	188,9400

Fonte: Sinapi, Cadernos Técnicos Argamassas e Grautes.

consumo de materiais e foram acrescentadas horas produtivas e improdutivas de equipamentos. Mas qual o motivo de tantas alterações?

Para responder à pergunta precisamos entender como são identificados o consumo de materiais e a produtividade da mão de obra.

4.5.1 Consumo de materiais

Para o cálculo do consumo de materiais é necessário conhecer a quantidade de material teórico que é o resultado do cálculo da quantidade levantada em projeto (CUM_T) para execução do

TABELA 4.8. **Exemplo de composição unitária**

Código/Seq.	Descrição da Composição	Unidade
01.SEDI. ARGA.014/01	ARGAMASSA TRAÇO 1:2:8 (CIMENTO, CAL E AREIA MÉDIA) PARA EMBOÇO/MASSA ÚNICA/ASSENTAMENTO DE ALVENARIA DE VEDAÇÃO, PREPARO MECÂNICO COM BETONEIRA 400 L. AF_06/2014	m³
Código SIPCI 87292		
Vigência: 06/2014		Última atualização: 06/2017

Composição					
Item	Código	Descrição		Unidade	Coeficiente
C	88377	OPERADOR DE EQUIPAMENTO BETONEIRA/MISTURADOR COM ENCARGOS COMPLEMNETARES		h	4,7500
I	370	AREIA MÉDIA – POSTO JAZIDA/FORNECEDOR (SEM FRETE)		m³	1,2900
I	1379	CIMENTO PORTLAND COMPOSTO CP II-32		kg	185,6300
I	1106	CAL HIDRATADA CH-I PARA ARGAMASSA		kg	193,7000
C	88830	BETONEIRA CAPACIDADE NOMINAL DE 400 L. CAPACIDADE DE MITURA 280 L, MOTOR ELÉTRICO TRIFÁSICO POTÊNCIA DE 2 CV, SEM CARREGADOR – CHP DIURNO. AF_10/2014		CHP	1,1100
C	88831	BETONEIRA CAPACIDADE NOMINAL DE 400 L, CAPACIDADE DE MISTURA 280 L, MOTOR ELÉTRICO TRIFÁSICO POTÊNCIA DE 2 CV, SEM CARREGADOR CHI DIURNO. AF_10/2014		CHI	3,6400

Fonte: Sinapi, Cadernos Técnicos Argamassas e Grautes.

serviço sem considerar perdas ou ineficiências, e a quantidade real, medida durante a execução que considera as perdas do processo de produção (CUM_{inef}).

Conforme explicado por Souza (2005) o consumo unitário real (CUM_R) é dado pela Equação 4.5:

$$CUM_R = CUM_T + CUM_{inef} \quad (4.5)$$

O mesmo autor define consumo unitário de materiais (CUM) como a relação entre a quantidade total de material utilizado (Q_{real}) e a quantidade de produto gerado pelo serviço em estudo (Q_s), expressa pela Equação 4.6

$$CUM = \frac{Q_{real}}{Q_s} \quad (4.6)$$

Lembrando que em função do tipo de material o valor do CUM_T é estimado diferentemente. As perdas podem ser estimadas a partir da detecção prévia dos fatores influenciadores que suponham que estarão presentes durante a execução dos serviços.

A perda é definida por Souza (2005), pela Equação 4.7:

$$Perdas\ (\%) = \left(\frac{QMR - QMT}{QMT}\right) \times 100 \quad (4.7)$$

Onde:
QMR = Quantidade de material realmente necessária
QMT = Quantidade de material teoricamente necessária

As perdas podem acontecer no recebimento, na estocagem, no processamento intermediário, no processamento final e nas movimentações entre estas etapas.

Para responder à pergunta porque houve alteração de consumo de materiais alterando a forma de preparo, usando as Tabelas 4.6 e 4.7 como exemplo, os materiais tiveram um aumento em torno de 2% do consumo, podemos inferir que houve um aumento nas perdas por ter acrescentado mais uma etapa de processo de produção, isto é colocar e retirar os insumos da betoneira e também por exigir outra relação água/aglomerante para manter a mesma trabalhabilidade.

Souza (2005) apresenta três modelos usados para prever o consumo e as perdas dos materiais, que são sintetizados no Quadro 4.1.

QUADRO 4.1. **Modelos de previsão dos consumos e perdas de materiais**

Modelos	Principais características
Modelo de previsão tradicional	• Utiliza valores médios de CUM (consumo unitário de material) entre o início do período de estudo e o final do período • É de fácil utilização e inteligível • Modelo mais difundido entre os profissionais que trabalham com consumo de materiais • Possuem a deficiência de fornecer o valor médio, com isso não é possível explicitar as influências que diferentes características do serviço possuem sobre o valor esperado
Modelo de previsão inovador	• Apresenta a faixa de valores de CUM • Indica os fatores que favorecem um aumento ou diminuição dos valores previstos • Exige no orçamentista uma decisão sobre onde localizar o valor do CUM, demandando a definição prévia de uma expectativa quanto à presença ou não dos diferentes fatores que possam influenciar a faixa de valores • Pode dar maior flexibilidade e maior confiabilidade na previsão, pois permite determinar um valor de CUM coerente com as características do serviço analisado
Modelo de previsão analítico	• Decompõe a tarefa de estimar o CUM em prognósticos parciais relativos a frações do indicador • Estima os consumos teóricos e as perdas envolvidas no uso do material em estudo • Calcula as perdas globais como a somatória das perdas de cada etapa do processo de produção • Tem o prognóstico de cada fração da perda, buscando identificar a origem e as causas presentes nas concepções do produto e do processo* • Exige maior domínio quanto a percepção do produto e do processo • Permite que características específicas do serviço influenciem na previsão • Possui maior transparência em relação aos fatores indutores de consumo • Facilita a utilização do prognóstico do consumo como subsídio para planejamento, monitoramento e controle de produção

* Produto está relacionado com o tipo de serviço a ser medido, detalhes de projeto e especificações exigidas podem induzir o esforço para a execução e as perdas. São fatores ligados ao conteúdo do trabalho, suas características e recursos transformados. Processo está relacionado com fatores ligados às características dos recursos de transformação (ferramentas, por exemplo) e às condições de contorno ligados ao contexto do trabalho, isso é ao processo de execução propriamente dito.
Fonte: Adaptado de Souza (2005).

Independente do modelo utilizado, a quantidade real deve ser aferida em campo, com alguns cuidados:
• Identificação do serviço, empresa, local.
• Verificação do critério de medição, pois este tem grande influência no consumo de materiais.
• Verificar o processo de execução, principalmente as condições iniciais para realização do serviço, por exemplo serviço de consumo de tinta é influenciado pelo: número de demãos, estado da superfície (com ou sem emassamento), geometria e condições de acesso da área a ser pintada.
• Registro realizado com equipes diferentes, várias vezes e em dias distintos.
• Registrar eventuais contratempos e falhas na execução do serviço.
• Anotar características e marcas dos materiais.
• Verificar a adesão as normas técnicas.
• Registrar os quantitativos de perdas.
• Anotar número médio de aproveitamento.
• Registar as ferramentas nas instalações e manuseio dos materiais.

É fundamental que a construtora tenha em seus bancos de dados históricos do consumo e perdas de materiais e que tenha sua metodologia de apropriação destas informações. E que estes dados sejam analisados e revisados constantemente para mitigar possíveis distorções entre a realidade da obra com os dados usados para orçar.

Os sistemas referenciais de custos, como Sinapi e Sicro, apresentam coeficientes aferidos por metodologias próprias de consumo de materiais. Porém o orçamentista deve conhecer os detalhes da execução do serviço e usar o projeto, as especificações técnicas, as características e qualidade do material e as informações fornecidas por fabricantes e fornecedores de materiais e equipamentos para adaptar os consumos conforme as condições do empreendimento.

O Exemplo 2, a ser apresentado a seguir, mostra como os percentuais de perdas e as quantidades de reutilização afetam o índice de alguns materiais. O percentual de perdas deve ser acrescido ao índice dos materiais, enquanto a quantidade de utilização deve dividir o índice.

Exemplo 2

Execução de forma tábua para concreto em fundação radier com reaproveitamento 3 vezes (Tabelas 4.9, 4.10 e 4.11).

Verifica-se pela análise das Tabelas 4.9, 4.10 e 4.11 quando não faz o uso das quantidades de reaproveitamento eleva o preço unitário da composição. Já a não utilização do percentual de perdas reduz o valor. O que demonstra a importância desses fatores no índice dos insumos para que se faça uma estimativa de custos mais precisa.

No Exemplo 2, a variação do preço pode dar a impressão que tais fatores não são tão importantes, devido à pequena diferença entre os valores.

TABELA 4.9. Exemplo de composição para execução de forma tabua para concreto em fundação radier com reaproveitamento 3X

Insumo	Unidade	Índice teórico	% de perdas	Nº de reúso	Índice real	Custo unitário	Custo total
Peça de madeira 3a qualidade 2,5 × 10 cm não aparelhada	m	2,790	20	3	1,116	2,56	2,86
Prego de aço polido com cabeça 18 × 27 (2 1/2 × 10)	kg	0,003	10	-	0,003	8,46	0,03
Tábua madeira 2a qualidade 2,5 × 30,0 cm (1 × 12") não aparelhada	m	1,320	10	-	1,320	19,1	25,21
Ajudante de carpinteiro com encargos complementares	h	0,270	-	-	0,270	14,47	3,91
Carpinteiro de formas com encargos complementares	h	1,067	-	-	1,067	17,82	19,01

Fonte: Adaptado de Sinapi-DF 10/17.

TABELA 4.10. Exemplo de composição para execução de forma tábua para concreto em fundação radier sem reaproveitamento e com índice de perdas

Insumo	Unidade	Índice teórico	% de perdas	Índice real	Custo unitário	Custo total
Peça de madeira 3a qualidade 2,5 × 10 cm não aparelhada	m	2,790	20	3,35	2,56	8,57
Prego de aço polido com cabeça 18 × 27 (2 1/2 × 10)	kg	0,003	10	0,00	8,46	0,03
Tábua madeira 2a qualidade 2,5 × 30,0 cm (1 × 12") não aparelhada	m	1,32	10	1,45	19,1	27,73
Ajudante de carpinteiro com encargos complementares	h	0,27	-	0,27	14,47	3,91
Carpinteiro de formas com encargos complementares	h	1,067	-	1,07	17,82	19,01

Fonte: Adaptado de Sinapi-DF 10/17.

Entretanto, vale salientar que o exemplo mostra apenas uma composição da obra e que é apresentada de forma unitária, levando-se em consideração a quantidade total de cada serviço, essa diferença poderá apresentar grande discrepância entre o valor orçado e o valor real.

4.5.2 Produtividade da mão de obra

A melhoria da produtividade da mão de obra pode resultar em maior competitividade e lucratividade para os empreiteiros e menores custos para os proprietários (SHAN et al., 2016), e por causa da sua importância para a rentabilidade dos projetos, é um

TABELA 4.11. **Exemplo de composição para execução de forma tabua para concreto em fundação radier com reaproveitamento e sem índice de perdas**

Insumo	Unidade	Índice teórico	Reúso	Índice real	Custo unitário	Custo total
Peça de madeira 3a qualidade 2,5 × 10 cm não aparelhada	m	2,790	3	0,930	2,56	2,38
Prego de aço polido com cabeça 18 × 27 (2 1/2 × 10)	kg	0,003	-	0,003	8,46	0,03
Tábua madeira 2a qualidade 2,5 × 30,0 cm (1 × 12") não aparelhada	m	1,320	-	1,320	19,1	25,21
Ajudante de carpinteiro com encargos complementares	h	0,270	-	0,270	14,47	3,91
Carpinteiro de formas com encargos complementares	h	1,067	-	1,067	17,82	19,01

Fonte: Adaptado de Sinapi-DF 10/17.

dos tópicos de discussão mais frequentes da indústria da construção civil (YI & CHAN, 2014).

Pode-se dizer que a definição da produtividade associada a um processo de produção passa pela determinação do nível de abrangência a ser observado, das entradas e saídas a serem consideradas e da forma específica de cálculo dos indicadores. Estes aspectos, por sua vez, dependerão primordialmente dos objetivos que se pretendem com a análise de produtividade (MINGIONE, 2016). Logo, a produtividade é representada genericamente como uma relação entre entradas (*inputs* – *recursos físicos*) e saídas (*outputs* – *serviços*) de um processo de produção com eficiência.

Com o intuito de superar essas particularidades da medição de produtividade na construção civil, Thomas e Yakoumis propuseram em 1987 o Modelo dos Fatores, no qual afirmam que as variações no conteúdo ou no contexto do trabalho fazem a produtividade real variar e estas são afetadas por fatores que podem ter influência aleatória ou sistemática e de difícil interpretação.

Contudo, os efeitos relacionados com esses fatores podem ser retirados da curva de produtividade (curva real), a fim de se obter a produtividade potencial, caso não houvesse a influência dos fatores (curva de referência).

Conhecer os fatores que influenciam a produtividade pode ajudar a melhorar a tomada de decisões. Vários autores internacionais como Doloi et al. (2012), Jarkas e Bitar (2012), El-Gohary e Aziz (2014) e Chaturvedi et al. (2018) buscam identificar estes fatores e suas influências no aumento da produtividade.

A produtividade varia conforme as condições normais com fatores ligados ao conteúdo do trabalho (produto) e/ou ao contexto do trabalho (processo) e as condições anormais podendo influenciar na redução da produtividade de forma direta, por exemplo, trabalho fora da sequência programada, e de forma indireta, por exemplo, rotatividade e absenteísmo.

Não existe na literatura nacional e internacional uma uniformização da formulação matemática usada para definir a produtividade. Usaremos neste livro a definição da razão unitária de produção (RUP), definida por Souza (2006) como um indicador de mensuração da produtividade, relacionando o esforço humano, homens × hora (Hh) com a quantidade de serviço realizado, dado pela Equação 4.8, quanto menor o valor da RUP, melhor a produtividade.

$$RUP = \frac{Homens\text{-}hora}{Quantidade\ de\ serviço} \quad (4.8)$$

Exemplo 3

Uma equipe composta por um pedreiro e um servente produz 32 m² de emboço em 8 horas de trabalho:
   32 m²-------------------------- 8 horas
   (X) m²------------------------- 1 hora

Temos como produção diária = 32/8 = 4 m²/h
Logo:
1 hora ---------------------- 4 m²/h
X (h) -------------------------1 m²
Temos que a equipe terá a produtividade de: 1/4 = 0,25 h/m²
Na composição unitária será adotado o coeficiente de produtividade de 0,25 h/m².

As condições de cada obra, projeto, execução e gestão podem alterar a produtividade, por isso o orçamentista deve ser crítico ao usar composições unitárias referenciais ou de terceiros para verificar a aplicabilidade no caso real. Por isso recomenda-se a aferição de campo e montagem de banco de dados históricos da empresa ao longo do tempo e que este tenha constante avaliação destes dados em função das mudanças de materiais e componentes e de processos construtivos.

Os coeficientes de produtividade são obtidos, usualmente, por apropriação dos serviços, aferindo a quantidade de horas usadas para a realização do serviço. Para tanto, alguns cuidados devem ser tomados:

A. Definição dos homens inseridos

   a. RUP_{of} avalia a produtividades dos oficiais (pedreiros, armador, carpinteiro, etc) e é influenciada pelas dificuldades ou facilidades das operações de moldagem, montagem, acoplamento do produto final.

   b. RUP_{dir} mede a produtividade da equipe direta (oficial + ajudante) acrescentando o esforço exigido dos ajudantes diretos quanto ao suporte aos oficiais nas proximidades do local de execução do serviço.

   c. RUP_{glob} associa a produtividade da mão de obra global envolvendo a equipe direta mais a mão de obra de apoio sendo influenciada pelas características de fornecimento e transportes dos materiais e componentes.

B. Consideração das horas de trabalho

   a. Recomenda-se que sejam consideradas as condições normais de execução do serviço, utilizando as horas disponíveis. Não há necessidade de identificar tempos produtivos e improdutivos; pelo método dos fatores, a produtividade variará em uma faixa bastante larga.

C. Quantificação do serviço
   a. Verificar os critérios de medição.
   b. Os serviços podem ser decompostos de diferentes maneiras, como produtividade da execução da estrutura de concreto, produtividade do pilar do 1° pavimento ou até produtividade da fôrma do pilar do 1º pavimento.
D. Definição do período de aferição
   a. RUP_d refere-se ao dia de trabalho.
   b. RUP_{cum} período acumulado, as quantidades de horas e de serviços são acumuladas ao longo do período de medição. A RUPcum poderá ser usada em orçamentos de obras futuras, uma vez que atenua os picos dos melhores e dos piores dias e representa a tendência do que ocorrerá com mais frequência no futuro.
   c. RUP_{cic} refere-se ao ciclo do serviço, é usada quando o ciclo representa todo o período de tempo gasto na produção do serviço.

Apesar de ser possível, recomenda-se não adotar a RUPpot nos orçamentos, uma vez que está associada às melhores produtividades dos melhores dias. Usá-la no orçamento significa incorrer em risco muito grande de que tudo relativo à produção dará certo todos os dias, o que não acontece na vida real. A RUPpot pode ser usada para dar metas para a equipe durante a obra.

O orçamentista deve ter ciência que a parte que exige maior experiência e conhecimento adquirido em outros projetos refere-se a escolha do coeficiente de produtividade. Segundo Baeta (2012), os grandes desvios entre a estimativa de custo e custo real da execução de obra ocorrem exatamente nos aspectos relacionados com a produtividade da mão de obra.

Segundo Souza (2006), melhorias incrementais de produtividade são possíveis na construção e podem gerar grandes diferenças de eficiência. Os dados de produtividade são úteis para outras etapas do empreendimento, não só para a fase de execução, mas permite: (1) maior precisão dos custos na fase de orçamento e ao longo da vida útil do empreendimento; (2) favorece decisões quanto ao fornecimento de materiais e componentes; e (3) fornece informações importantes para a etapa do projeto.

Vejamos o Exemplo 4.

Exemplo 4

OBRA 2

dia	H	Tdisp	Hh	Soma Hh	QS	Soma QS	RUPd	RUPcum	RUP intervalo	RUPpot
1	10	9	90	90	22,5	22,50	4	4,00	1,24	0,60
2	10	9	90	180	150,0	172,50	0,6	1,04		
3	12	9	108	288	24,0	196,50	4,5	1,47		
4	12	9	108	396	180,0	376,50	0,6	1,05		
5	12	9	108	504	30,9	407,36	3,5	1,24	1,16	
6	10	9	90	594	36,0	443,36	2,5	1,34		
7	10	9	90	684	180,0	623,36	0,5	1,10		
8	10	9	90	774	45,0	668,36	2	1,16		
9	9	9	81	855	32,4	700,76	2,5	1,22		
10	9	9	81	936	20,3	721,01	4	1,30		
11	10	9	90	1026	112,5	833,51	0,8	1,23		
12	10	9	90	1116	30,0	863,51	3	1,29		
13	10	9	90	1206	150,0	1013,51	0,6	1,19		
14	8	9	72	1278	18,0	1031,51	4	1,24	3,22	
15	8	9	72	1350	26,7	1058,17	2,7	1,28		
						média	2,38			

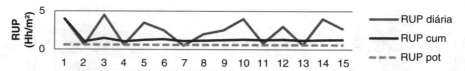

FIGURA 4.6. Exemplo de coleta de produtividade.
Fonte: Adaptado de Souza (2013).

QUADRO 4.2. **Modelos de previsão dos consumos e perdas de materiais**

Modelo	Características
Modelo tradicional	• Valores médios de produtividade • Às vezes tem informações sobre os fatores influenciadores • Faz uso de valores acumulados • Não faz distinção entre a constituição dos valores de produtividade da equipe • Mais difundido no mercado • Valores médios que reduzem a tomada de decisão e traz imprecisões em situações diferentes
Modelo inovador	• Adota uma faixa de valores de RUP_{cum} • Valores mínimos para as melhores RUP • Valores máximos para as piores RUP • Há a necessidade de uma tomada de decisão onde localizar a RUP, exigindo a definição prévia de uma expectativa quanto aos fatores influenciadores que acompanham o intervalo de valores
Modelo analítico	• Descrição das partes que compõem a execução do produto, decompõe o serviço em várias etapas, fornecendo maior detalhamento • Definição dos fatores relevantes para RUP_{of} busca expectativa quanto as dificuldades do processo e do produto e acrescenta o efeito da anormalidade • Definição da relação de ajudantes diretos por oficial • Definição da equipe de apoio • Processo mais complexo, mas com maiores probabilidades de precisão

Fonte: Adaptado de Souza (2006).

Souza (2006) apresenta três modelos usados para prever o consumo e as perdas dos materiais, que são sintetizados no Quadro 4.2.

O orçamentista/tomador de decisão deve ter ciência de que, qualquer que seja o modelo adotado, há riscos e oportunidades no uso

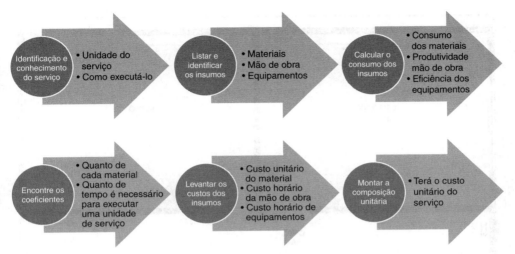

FIGURA 4.7. Sequência de atividades para montar uma composição unitária.

das informações coletadas. A produtividade é uma informação que pode subsidiar tomadas de decisão, relativo a programação dos custos e prazos, e ao monitoramento e controle deste indicador e das demais programações.

Não podemos esquecer que para termos o custo da mão de obra precisamos multiplicar a quantidade pelo coeficiente de produtividade e pelo preço unitário da hora acrescido dos encargos sociais e complementares, conteúdo que será explorado no Capítulo 6.

As análises da eficiência dos equipamentos serão apresentadas e discutidas no Capítulo 7.

Podemos resumir as fases de montagem de uma composição unitária conforme o esquema da Figura 4.7.

Para obras públicas os custos conhecidos como indiretos: canteiro de obras, mobilização e desmobilização de canteiro e administração local, que muitos autores sugerem o uso de verba (vb), são, na realidade, custos diretos com planilhas de composição de custos tanto para no Sinapi como para no Sicro.

4.6 Exercícios

1. Com base na planta baixa da habitação de interesse social (HIS) (Figura 4.8):

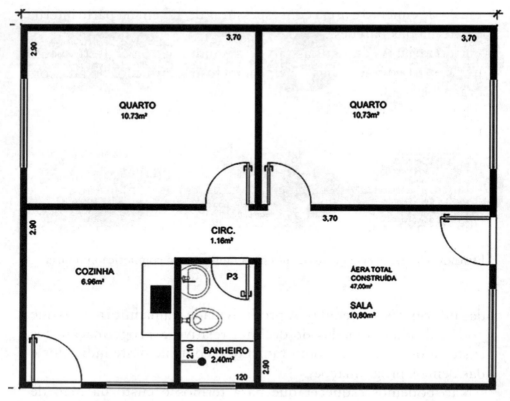

FIGURA 4.8. Planta baixa de uma HIS.
Fonte: Disponível em: http://www.vaicomtudo.com/plantas-de-casas-populares.html. Acesso: 27 fevereiro 2018.

Dados:
Pé direito: 2,82m

Alvenaria: As paredes externas e internas serão executadas em alvenaria de blocos de cerâmicos de seis furos 14 cm (14 × 19 × 39 cm) e resistência média de 60 kg/cm², assentados com argamassa de cimento e areia no traço 1:1,5:7,5. As juntas terão espessura máxima de 1,0 cm.

Nas portas e janelas, serão executadas vergas pré-moldadas de concreto de 0,10 m × 0,10 m.

Revestimento interno e externo: Os revestimentos das paredes serão em chapisco comum em areia e cimento no traço 1:4 em todas as superfícies, tanto interna como externa. Em seguida as paredes serão revestidas com reboco paulista no traço 1:6, com massa de cimento e areia com espessuras de 1,5 cm na parte interna e externa das paredes.

Esquadria: As esquadrias são de alumínio de correr 1,20 × 1,20 m (A × L) com 2 folhas de vidro, incluso guarnição. Fixada com argamassa 1:3.

Piso: Piso cerâmico 35 × 35 assentado sobre contrapiso 1:4 com rejunte, rodapé de 7 cm.

Forro: Placa de gesso para forro, de 60 cm × 60 cm e espessura de 12 mm

Pintura interna: Após secagem completa das paredes internas e externas, serão elas limpas e pintadas com tinta PVA látex, em duas demãos aplicadas diretamente sobre as mesmas em cada unidade habitacional.

Considere a situação hipotética que irá construir apenas os dois quartos com os seguintes serviços: alvenaria, revestimento interno e externo, esquadrias, piso, forro e pintura interna (os demais serviços: fundação, cobertura não fazem parte do exercício). Pede-se:

a. A EAP que irá contemplar os serviços solicitados.

b. Os quantitativos dos serviços considerando os seguintes critérios de medição:

   i. Critério do documento: Manual de Obras Públicas de Edificações – Pratica da Secretaria de Escola da Administração e do Patrimônio (SEAP): Projeto

   ii. Cadernos Técnicos do Sinapi

c. Os custos unitários utilizando o Sinapi para os serviços listados.

Referências

ABNT (Associação Brasileira de Normas Técnicas). (2007) NBR 12721. Avaliação de custos unitários e preparo de orçamento de construção para incorporação de edifícios em condomínios. Rio de Janeiro: ABNT.

Akintoye, A.; Fitzgerald, E. (2000) A survey of current cost estimating practices in the UK. Construction Management and Economics, vol. 18, p. 161-172.

Al-Harbi, K.M.; Johnson, D.W.; Fayadh, H. (1994) Building construction detailed estimating practices in Saudi Arabia. Journal of Construction Engineering and Management, vol. 120, p. 774-784.

Baeta A.P. (2012) Orçamento e controle de preços em obras públicas. São Paulo: Pini.

Cardoso R.S. (2009) Orçamento de obras em foco – Um novo olhar sobre a engenharia de custo. São Paulo: Pini.

CEF, Sinapi (2017) Sinapi: Metodologias e conceitos: Sistema Nacional de Pesquisas de Custos e índices da construção civil. Brasília.

Chalhoub, J.; Ayer, S.K. (2018) Using Mixed Reality for Electrical Construction Design Communication. Automation in Construction, vol. 86, p. 1-10.

Doloi, H.; Sawhney, A.; Iyer, K.C.; Rentala, S. (2012) Analysing factors affecting delays in Indian construction projects. International Journal of Project Management, vol. 30, p. 479-489.

El-Gohary, K.M.; Aziz, R.F. (2014) Factors Influencing Construction Labor Productivity in Egypt. Journal of Management in Engineering, vol. 30, n. 1, p. 1-9.

Fleming, Q.W.; Koppelman, J.M. (2002) Earned value management: Mitigating the risks associated with construction projects. Program Manager, 31(2), 90-95.

Jarkas, A.M.; Bitar, C.G. (2012) Factors Affecting Construction Labor Productivity in Kuwait. Journal of Construction Engineering and Management, vol. 138, n. 7, p. 811-820.

Mattos, A.D. (2006) Como preparar orçamentos de obras. São Paulo: Pini.

Mingione, C. (2016) Produtividade na montagem de estruturas de aço para edifícios. São Paulo. Dissertação (Mestrado) Escola Politécnica da Universidade de São Paulo. Departamento de Engenharia de Construção Civil. 394p.

PMI (Project Management Institute). (2013) A Guide to the Project Management Body of Knowledge (PMBOK® Guide) 5th ed. PMI.

Prati, D.J. (2012) Estimating for Residential Construction. New York: Cengage Learning.

Oliveira, T.; Souza, U.; Filho, P.; Kato, C. (2014) Sinapi em revisão. Revista Infraestrutura Urbana. São Paulo: Editora PINI, fevereiro.

Revista Mercado e Construção de outubro de 2015. Editora PINI: http://construcaomercado17.pini.com.br/negocios-incorporacao-construcao/171/artigo364811-1.aspx. Acesso em 1 março 2018.

Shan, Y.W.; Zhai, D.; Goodrum, P.M.; Haas, C.T.; Caldas, C.H. (2016) Statistical Analysis of the Effectiveness of Management Programs in Improving Construction Labor Productivity on Large Industrial Projects. Journal of Management in Engineering.

Souza, U.E.L. (2006) Como aumentar a eficiência da mão de obra. São Paulo: Editora Pini.

Souza, U.E.L. (2005) Como reduzir perdas nos canteiros: manual de gestão de consumo de materiais na construção. São Paulo: Editora Pini.

Thomas, H.R.; Yakoumis, I. (1987) Factor model of construction productivity. Journal of Construction Engineering and Management, ASCE, vol.113, n. 4, p. 623-39.

Yi, W.; Chan, A.P.C. (2014) Critical Review of Labor Productivity Research in Construction Journals. Journal of Management in Engineering.

Capítulo 5
Os manuais orçamentários

No Capítulo 4 vimos alguns exemplos de composições de custo dos serviços que formam um orçamento. Estas composições de custo estão contidas, em geral, em um banco de dados de composições que foi elaborado a partir de uma metodologia de levantamento de dados e de organização das informações de orçamento. Estes bancos de dados de composições de custo são mais conhecidos como "manuais orçamentários".

Pode-se fazer um paralelo entre o manual orçamentário e um livro de receitas, pois ambos contêm a quantidade de insumos necessários para fazer uma unidade do produto, em geral, não trazem os preços unitários dos insumos.

O manual orçamentário pode ser elaborado pela própria empresa que irá executar a obra, pode ser comercializado no mercado (contendo dados médios de mercado), pode ser oriundo de pesquisas acadêmicas ou institucionais, estes últimos têm sido aplicados ao caso de obras públicas.

Neste capítulo, serão apresentados quatro tópicos, sendo que o primeiro conterá as diretrizes para que a empresa elabore seu próprio manual orçamentário, o segundo refere-se ao Manual comercializado no mercado TCPO, o terceiro refere-se ao Sinapi e o quarto ao Sicro, sendo estes dois últimos aplicados ao caso de se utilizarem recursos do Orçamento Geral da União (OGU) do Governo Brasileiro. Estes serão analisados sob aspectos da organização das composições de custo e do tratamento dado aos indicadores de consumo.

5.1 Manuais orçamentários elaborados pelas empresas de construção

O manual orçamentário elaborado pela própria empresa de construção[1] é uma boa fonte de informação de dados de custo de orçamento, já que os indicadores das composições irão refletir a realidade da execução desta empresa. Para que estes dados sejam confiáveis, é importante que a empresa tenha um padrão de levantamento e análise dos dados de: produtividade da mão de obra, consumo de materiais e eficiência de equipamentos. Assim sendo, estes dados podem servir como base para elaboração de orçamentos de obras futuras de mesma tipologia construtiva das obras utilizadas nos levantamentos anteriores. Os dados levantados nas obras reais executadas pela empresa devem ser priorizados[2] em detrimento dos manuais comercializados no mercado, uma vez que contemplam o histórico da empresa e representam com maior fidelidade a eficiência da gestão dos recursos desta empresa.

O Professor Ubiraci Souza, pesquisador da área de produtividade na construção, desenvolveu um método de levantamento de pro-

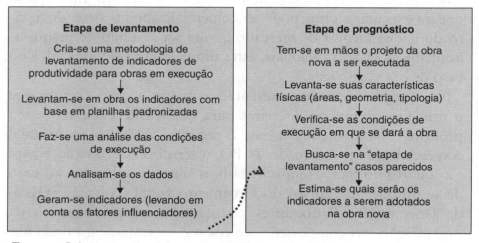

FIGURA 5.1. Etapas da elaboração e utilização de dados de manuais orçamentários da própria empresa de construção.

---

1. Entende-se aqui por empresa de construção as empresas construtoras, incorporadoras ou subcontratadas para realizarem a execução de obras.
2. A menos que se esteja tratando de obras públicas.

dutividade que pode ser seguido pelas empresas ao elaborarem seu próprio banco de composições de custo – veja Souza (2000) – no qual enfatiza-se a importância da padronização do levantamento de algumas informações.

O método parte do conceito de produtividade adotado por ele, já citado no Capítulo 4, conforme a Equação 5.1:

$$\text{RUP} = \text{Entradas/Saídas} \qquad (5.1)$$

Desta forma, segundo Souza (2003) são necessárias regras para mensuração tanto de entradas quanto de saídas. Ao se analisar esta equação, pode-se definir que as "entradas" do processo de construção são os Homens presentes na equipe e as horas trabalhadas (Hh), sendo as saídas, as quantidades unitárias de serviço produzidas (por exemplo: um metro quadrado de alvenaria), desta forma, o indicador utilizado para medir produtividade é chamado Razão Unitária de Produção (RUP).

No que se refere às entradas, o cálculo do número de Homens-hora demandados é fruto da multiplicação do número de homens envolvidos pelo período de tempo de dedicação ao serviço. Sendo que "Homens" se refere ao número de pessoas a ser considerado na equipe: somente os oficiais que executam o serviço, a mão de obra direta (oficial e seu ajudante que está no mesmo andar), ou equipe global (considerando, além dos ajudantes diretos, aqueles que produzem os insumos – por exemplo, produção de argamassa em central). Já quanto às horas, podem ser consideradas todas as horas pagas ao trabalhador, ou as horas-prêmio, ou as horas em que o operário encontra-se no canteiro à disposição da execução do serviço (SOUZA, 2000).

As saídas, quantidades de serviço, podem ser consideradas de maneira bruta (sem descontar os vãos); ou de maneira líquida (descontando todos os vãos); ou ainda considerando uma área equivalente (descontando somente vãos que forem grandes).

No que diz respeito ao período de estudo, pode-se levantar a produtividade relativa a um dia de trabalho, ou a períodos maiores, ou, ainda relativa a ciclos de produção, por exemplo, relativa a um andar.

O Quadro 5.1 fornece dicas de padronização das entradas e saídas no levantamento de produtividade.

QUADRO 5.1. **Dicas de padronização de entradas e saídas do levantamento de produtividade**

Entrada ou saída	Como padronizar
Equipe considerada na medição	Distinguir se está utilizando dados somente do oficial, da equipe direta ou da equipe global
Tempo trabalhado	Considerar as horas em que o operário está disponível para o trabalho no canteiro
Quantidades de serviço	Considerar a área líquida*
Período de tempo ao qual o indicador se refere	Em serviços como fôrmas e armação pode-se fazer o levantamento de forma cíclica, devido à natureza do trabalho** Em serviços como os de vedação e revestimento, podem ser levantados diariamente, o que ajuda na identificação dos problemas de produção Olhar para os indicadores diários de forma acumulada pode ser útil para prognósticos futuros e este seria um bom dado para fazer parte do banco de composições de custo

*Isto é importante no momento de montar a composição, pois se o critério de medição for a área bruta, teremos uma quantidade de serviço maior para a composição como um todo, o que oneraria o consumo de materiais também e não somente da mão de obra. Ou seja, teremos uma perda de materiais (para preencher o vão), já que estes não serão efetivamente utilizados.

**Devido aos distintos níveis de dificuldade: em dia de execução de escadas, a produtividade não seria tão boa quanto no dia de colocar assoalho da laje, não porque os operários não produziram bem, mas porque envolvem dificuldades distintas.

Fonte: Adaptado de Souza (2000).

Levantamento similar ao da mão de obra é feito com os materiais. Contudo, a dificuldade em se controlar os materiais consumidos em obra é maior que a mão de obra. Isto se deve à dificuldade de se controlar os estoques no início e no final do estudo, conforme citado no Capítulo 4. Caso a empresa opte por não fazer este levantamento, poderá utilizar os manuais orçamentários disponíveis no mercado ou os que têm foco em obras públicas, os quais serão descritos a seguir.

5.2 Tabela de Composições de Preços para Orçamentos (TCPO)

O manual orçamentário Tabelas de Composições de Preços para Orçamentos (TCPO) contém a quantidade de insumos necessária para executar uma unidade de cada serviço que compõe a obra. Este manual orçamentário foi idealizado pela Editora Pini e sua primeira versão há aproximadamente 60 anos e foi elaborado com base em dados fornecidos por construtoras e fabricantes parceiros,[3] posteriormente, a partir de 2003 começaram a ser inseridos nas composições de custo dados oriundos de pesquisa acadêmica. Inicialmente este era comercializado na forma impressa e atualmente está disponível na forma digital, inclusive servindo de base para sistemas orçamentários (neste último caso são fornecidos também os preços dos insumos).

5.2.1 Organização das composições do TCPO

A especificação (título) de uma composição de custo de um serviço deve ter por base a estrutura analítica de projeto e deve representar inequivocamente o serviço a ser feito na obra.

No caso do TCPO, o usuário da base de dados poderá visualizar as composições de duas formas: uma utilizando a codificação "Pini" para as composições (Figura 5.2) e outro sistema de códi-

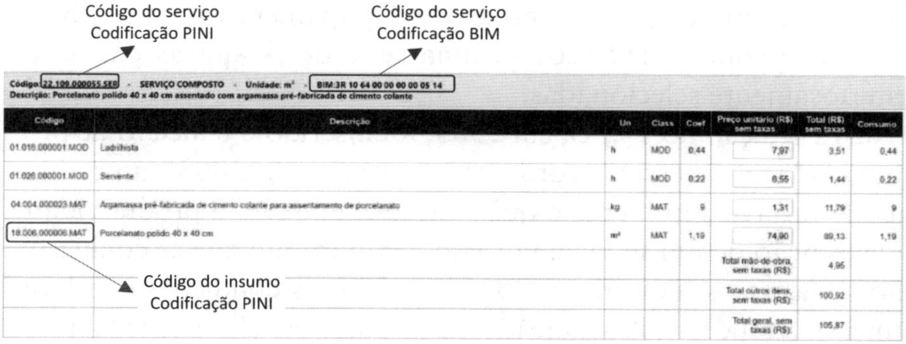

Código: 22.109.000055.SER - SERVIÇO COMPOSTO - Unidade: m² - BIM:3R 10 64 00 00 00 00 05 14
Descrição: Porcelanato polido 40 x 40 cm assentado com argamassa pré-fabricada de cimento colante

Código	Descrição	Un	Class	Coef	Preço unitário (R$) sem taxas	Total (R$) sem taxas	Consumo
01.016.000001.MOD	Ladrilhista	h	MOD	0,44	7,97	3,51	0,44
01.026.000001.MOD	Servente	h	MOD	0,22	6,55	1,44	0,22
04.004.000023.MAT	Argamassa pré-fabricada de cimento colante para assentamento de porcelanato	kg	MAT	9	1,31	11,79	9
18.006.000006.MAT	Porcelanato polido 40 x 40 cm	m²	MAT	1,19	74,90	89,13	1,19
					Total mão-de-obra, sem taxas (R$):	4,95	
					Total outros itens, sem taxas (R$):	100,92	
					Total geral, sem taxas (R$):	105,87	

FIGURA 5.2. Exemplo de composição de custo do TCPO utilizando os códigos Pini.
Fonte: Adaptado de TCPOWeb (2019)

3. Parceiros da Editora Pini, responsável pela publicação deste manual.

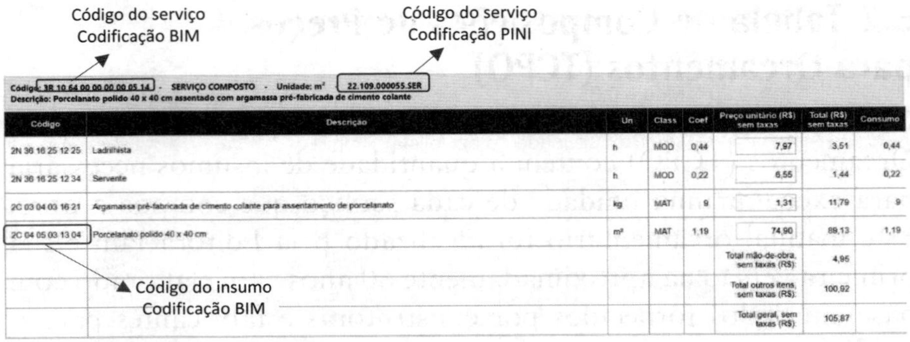

Código: 3R 10 64 00 00 00 00 05 14 - SERVIÇO COMPOSTO - Unidade: m² - 22.109.000055.SER
Descrição: Porcelanato polido 40 x 40 cm assentado com argamassa pré-fabricada de cimento colante

Código	Descrição	Un	Class	Coef	Preço unitário (R$) sem taxas	Total (R$) sem taxas	Consumo
2N 36 16 25 12 25	Ladrilhista	h	MOD	0,44	7,97	3,51	0,44
2N 36 16 25 12 34	Servente	h	MOD	0,22	6,55	1,44	0,22
2C 03 04 03 16 21	Argamassa pré-fabricada de cimento colante para assentamento de porcelanato	kg	MAT	9	1,31	11,79	9
2C 04 05 03 13 04	Porcelanato polido 40 x 40 cm	m²	MAT	1,19	74,90	89,13	1,19
					Total mão-de-obra, sem taxas (R$):	4,95	
					Total outros itens, sem taxas (R$):	100,92	
					Total geral, sem taxas (R$):	105,87	

FIGURA 5.3. Exemplo de composição de custo do TCPO utilizando os códigos "BIM".
Fonte: Adaptado de TCPOWeb (2019)

gos inspirado na ABNT NBR 15965 – Sistema de classificação da informação da construção visando a integração das composições de custo com a modelagem BIM (Figura 5.3), sendo esta última mais recente que a primeira.

Nestes dois exemplos, pode-se observar que a composição e os insumos são os mesmos, mas podem ser visualizados com códigos distintos.

5.2.2 Indicadores de consumo do TCPO

No TCPO, os indicadores de consumo de materiais, produtividade da mão de obra e eficiência no uso de equipamentos tem por base, de acordo com TCPO (2013), uma série de pesquisas em obras criteriosamente selecionadas.

Na 12ª edição do TCPO, em 2003, foi inserido o conceito de produtividade variável. De acordo com Souza et al. (2003), a produtividade variável representa o quão variável pode ser a produtividade na execução de um serviço, por isso é importante que se conheçam não somente os indicadores como também as condições que levaram à ocorrência destes indicadores, as quais são chamadas "fatores influenciadores". Desta forma a partir de uma análise das tabelas de produtividade variável, é possível convergir esses indicadores para a realidade da obra a ser orçada e aprimorar o resultado do orçamento (TCPO, 2013); veja o exemplo a seguir, para o caso do serviço de assentamento de revestimento cerâmico interno de parede.

TIPO 2: REVESTIMENTO CERÂMICO INTERNO DE PAREDE
ASSENTAMENTO

Min = 0,20   Med = 0,35   Máx = 1,18

Produtividade do azulejista (Hh/m²)

Assentamento a prumo ou amarrado	Assentamento em diagonal
Relação azulejista/servente baixa	Relação azulejista/servente alta
Poucas peças a serem cortadas	Muitas peças a serem cortadas
Frente de trabalho disponível	Falta frente de trabalho disponível
Material disponível	Falta material
Forma de pagamento combinada e cumprida	Problemas quanto a acerto de pagamento
Não há interferência com as instalações	Interferência com instalações
Abundância de ajudantes	Pouca presença de ajudantes

FIGURA 5.4. Exemplo de aplicação do conceito de produtividade variável ao serviço de revestimento cerâmico interno de parede.
Fonte: TCPO (2013).

A reta apresentada na Figura 5.4 contém os valores de produtividade para azulejista, dada em Homens-hora por metro quadrado de azulejo assentado, nela pode-se visualizar que temos produtividade para os dois extremos da faixa, sendo o de menor valor, o de melhor produtividade e logo abaixo, na tabela, encontram-se os fatores que levaram a esta produtividade "ótima". No lado oposto, a pior produtividade encontrada e os fatores que influenciaram para que isto ocorresse. Pode-se citar como fatores influenciadores na produtividade do assentamento de azulejo: a disposição dos azulejos (se a prumo ou diagonal), a quantidade de peças a serem cortadas e a existência de interferência com as instalações, dentre outros.

Ou seja, com o orçamentista conhecendo as condições de projeto e execução que se dará o serviço de assentamento de azulejo, ele poderá escolher inclusive um valor intermediário na faixa, levando em conta uma preponderância de fatores "bons" ou "ruins" de acordo com a realidade da obra a ser executada.

Pode-se visualizar ainda na faixa, que existe um valor mediano de produtividade, este representa a maior frequência de ocorrência deste indicador dentre as obras utilizadas no levantamento de dados.

Quanto à presença de serventes neste serviço, no TCPO (2003) são apresentadas as faixas das Figuras 5.5 e 5.6, para assentamento e rejuntamento, respectivamente.

Min = 0   Med = 0,12   Máx = 0,20

Produtividade do servente (Hh/m²)

FIGURA 5.5. Produtividade variável dos serventes no serviço de assentamento de azulejos.

Min = 0,12   Med = 0,20   Máx = 0,27

Produtividade do servente (Hh/m²)

| Placas grandes | Placas pequenas |
| Frente de trabalho disponível | Falta frente de trabalho |

FIGURA 5.6. Produtividade variável dos serventes no serviço de rejuntamento de azulejos.

TIPO 2: REVESTIMENTO CERÂMICO INTERNO DE PAREDE

Min = 1,04   Med = 1,10   Máx = 1,28

Placas cerâmicas (m²/m²)

Placas pequenas	Placas grandes
Poucas peças cortadas	Muitas peças cortadas
Cuidados com transporte e manuseio	Transporte e manuseio sem cuidados
Estocagem adequada	Estocagem inadequada
Projeto de arquitetura definido	Projeto de arquitetura indefinido
Ter paginação do revestimento cerâmico	Não ter paginação do revestimento cerâmico
Procedimentos de corte definidos e com ferramentas adequadas	Não existem procedimentos de corte definidos e as ferramentas não são adequadas

FIGURA 5.7. "Produtividade variável" aplicada ao consumo unitário de azulejos.

No TCPO também é apresentado o indicador de consumo unitário de material sob o conceito da "produtividade variável", o qual pode ser visualizado na Figura 5.7.

Na Figura 5.7 percebe-se que o fato de as placas serem pequenas, existirem poucas peças a serem cortadas e haver paginação do revestimento cerâmico são fatores influenciadores que levam a um melhor (menor) consumo de azulejo por metro quadrado. Assim sendo, o orçamentista poderá, assim como no caso da mão de obra, escolher os fatores mais presentes na sua obra (no quadro) para chegar ao consumo de azulejo (na régua) que representa a sua realidade.

5.3 Sinapi

O Sinapi foi visto no Capítulo 2 como um indicador de custo de construção, contudo, ele possui ainda um outro papel no sistema de custos de obra do governo Brasileiro, que é o de ser balizador de custos de obras que utilizam como fonte de recurso o Orçamento Geral da União (OGU) do Governo Brasileiro.

Para tanto, o agente público "Caixa Econômica Federal (CEF) foi designado como mantenedor do banco de composições de custo que servisse de base para a elaboração de orçamentos de referência". De acordo com o TCU (2014), "o orçamento de referência servirá de paradigma para o órgão contratante fixar os critérios de aceitabilidade de preço no edital, e análise das propostas das empresas participantes do certame licitatório". Recentemente, com a publicação da Lei 13303 (BRASIL, 2016) passou-se também a exigir o uso do Sinapi e Sicro nas licitações das empresas estatais.

No ano de 2013 foi iniciado na CEF o processo de aferição das composições do Banco Referencial do Sinapi. De acordo com a CEF (2017), este processo traz maior transparência e precisão nos conceitos e indicadores de cada serviço, além de atualizar as referências existentes a fim de acompanhar a evolução das técnicas e processos da construção civil. Neste processo também foram criados e revisados os insumos, revisadas as metodologias empregadas na apropriação dos custos horários dos equipamentos e dos encargos sociais e desenvolvida metodologia para inclusão de custos com encargos complementares nas referências do Sistema (CEF, 2017).

5.3.1 Organização das composições do Sinapi

O código de classificação das composições do Sinapi consta do Caderno Técnico, ao lado da descrição de cada composição unitária e é estruturado da seguinte forma (CEF, 2017):
Nº LOTE (XX).CLASSE.GRUPO.NUM(XXX)/SEQUENCIAL(XX)

O número do lote é formado por dois algarismos referentes à identificação da natureza do serviço que corresponde. As composições são distribuídas em três lotes:
Lote I (01) – Habitação, Fundações e Estruturas

Lote II (02) – Instalações Hidráulicas e Elétricas Prediais e Redes de Distribuição de Energia Elétrica
Lote III (03) – Saneamento e Infraestrutura Urbana

A classe separa as composições conforme a etapa da obra em que o serviço é usualmente realizado. Na codificação do Sinapi são empregadas:

ASTU – assentamento de tubos e peças
CANT – canteiro de obras
COBE – cobertura
CHOR – custos horários de máquinas e equipamentos
DROP – drenagem/obras de contenção/poços de visita e caixas
ESCO – escoramento
ESQV – esquadrias/ferragens/vidros
FOMA – fornecimento de materiais e equipamentos
FUES – fundações e estruturas
IMPE – impermeabilizações e proteções diversas
INEL – instalação elétrica/eletrificação e iluminação externa
INPR – instalações de produção
INES – instalações especiais
INHI – instalações hidrossanitárias
LIPR – ligações prediais água/esgoto/energia/telefone
MOVT – movimento de terra
PARE – paredes/painéis
PAVI – pavimentação
PINT – pinturas
PISO – pisos
REVE – revestimento e tratamento de superfícies
SEDI – serviços diversos
SEEM – serviços empreitados
SEES – serviços especiais
SEOP – serviços operacionais
SERP – serviços preliminares
SERT – serviços técnicos
TRAN – transportes, cargas e descargas
URBA – urbanização

Para cada CLASSE existe uma subdivisão em grupos para melhor caracterizar o serviço analisado. O GRUPO é representado pela sigla da descrição principal do serviço, com quatro letras.

O campo NUM é formado por três algarismos, correspondente ao número da composição em análise para o grupo a que pertence.

O sequencial é formado por dois algarismos, iniciado em 01, que corresponde à numeração sequencial de combinações entre a composição original e auxiliares (que são os referentes à produção de insumos).

Assim como no TCPO, constam das composições de custo unitárias do Sinapi os seguintes elementos (CEF, 2017):
• Descrição da composição – Caracteriza o serviço, explicitando os fatores que impactam na formação de seus coeficientes e que diferenciam a composição unitária das demais.
• Unidade de medida – Unidade física de mensuração do serviço representado.
• Insumos/composições auxiliares (item) – Elementos necessários à execução de um serviço, podendo ser insumos (materiais, equipamentos ou mão de obra) e/ou composições auxiliares.
• Coeficientes de consumo e produtividade – Quantificação dos itens considerados na composição de custo de um determinado serviço.

Na Figura 5.8 tem-se a ilustração de como são apresentadas as composições de custo no Sinapi.

Logo abaixo da descrição da composição de custo e seu código, são apresentados os consumos unitários dos insumos e suas unidades.

Código / Seq.	Descrição da Composição	Unidade
01. PARE. ALVE.001/01	ALVENARIA DE VEDAÇÃO DE BLOCOS VAZADOS DE CONCRETO DE 9 × 19 × 39 CM (ESPESSURA 9 CM) DE PAREDES COM ÁREA LÍQUIDA MENOR QUE 6 M² SEM VÃOS E ARGAMASSA DE ASSENTAMENTO COM PREPARO EM BETONEIRA. AF_06/2014	M²
Código SIPCI		
87447		
Vigência: 06/2014	Última atualização: 02/2015	

Item	Código	Descrição	Unidade	Coeficiente
C	88309	PEDREIRO COM ENCARGOS COMPLEMENTARES	H	0,7200
C	88316	SERVENTE COM ENCARGOS COMPLEMENTARES	H	0,3600
I	650	BLOCO VEDAÇÃO CONCRETO 9 ×19 × 39 CM (CLASSE D – NBR 6136)	UN	13,3500
C	87292	ARGAMASSA TRAÇO 1:2:8 (CIMENTO, CAL E AREIA MÉDIA) PARA EMBOÇO/MASSA ÚNICA/ASSENTAMENTO DE ALVENARIA DE VEDAÇÃO, PREPARO MECÂNICO COM BETONEIRA 400. L.AF_06/2014	M³	0,0088
I	84557	TELA DE AÇO SOLDADA GALVANIZADA/ZINCADA PARA ALVENARIA, FIO D = *1,20 A 1,70* MM, MALHA 15 × 15 MM. (C × L) *50 × 7,5* CM	M	0,7850
I	87395	PINO DE AÇO COM FURO, HASTE = 27 MM (AÇÃO DIRETA)	CENTO	0,0094

FIGURA 5.8. Exemplo de Composição de Serviço Analítica.
Fonte: CEF (2017).

5.3.2 Indicadores de consumo do Sinapi

Os indicadores de consumo do Sinapi (2017) foram obtidos através de levantamentos feitos em obras em 9 cidades brasileiras.[4] Os dados foram coletados e analisados através de uma metodologia internacionalmente reconhecida na área de estudo de produtividades[5] e consumos, assim como a análise dos dados obtidos com emprego, por equipe especializada no tema.

Nos indicadores do Sinapi estão considerados tanto os tempos produtivos quanto improdutivos. Estão considerados os tempos improdutivos referentes à: paralisações para instrução da equipe, preparação e troca de frente de trabalho, deslocamentos no canteiro, etc. Não são considerados no coeficiente os tempos relativos à: eventos extraordinários (greve, acidentes de trabalho), esforço de retrabalho, impacto de chuvas e ociosidades oriundas de graves problemas de gestão da obra, pois, segundo CEF (2017), seus custos ou devem ser considerados em outros itens de um orçamento de obras, ou são de responsabilidade exclusiva do contratado, ou, ainda, devem ser tratados de modo particular durante a execução do contrato.

O manual de utilização *Sinapi: Metodologias e Conceitos* (CEF, 2017), traz, ainda, uma inovação em termos de montagem da composição de custos que é a aplicação do conceito de decomposição das informações da composição no formato de "árvore de fatores". Este conceito[6] permite identificar os fatores que impactam na produtividade (mão de obra e equipamentos) e consumo (materiais) de cada grupo de serviços, os quais são observados e mensurados durante a coleta de dados em obra. Os fatores é que

---

4. O levantamento de dados foi feito em canteiros de obras distribuídos geograficamente pelo País, sendo contempladas na amostra obras públicas e privadas, de pequeno e grande porte, assim como executadas por empresas de portes variados e por equipes trabalhando sob diferentes regimes de contratação (CEF, 2017).
5. Metodologias elaboradas a partir de Thomas e Yiakoumis (1987).
6. O conceito de árvore de fatores aplicado aos manuais orçamentários foi desenvolvido inicialmente por Marchiori (2009) e posteriormente aplicado ao caso Sinapi.

diferenciam as composições dentro do Grupo. Veja ilustração deste conceito na Figura 5.9.

A partir da estruturação da informação na árvore de fatores, são elaboradas as composições de custo, conforme apresentado na Figura 5.10.

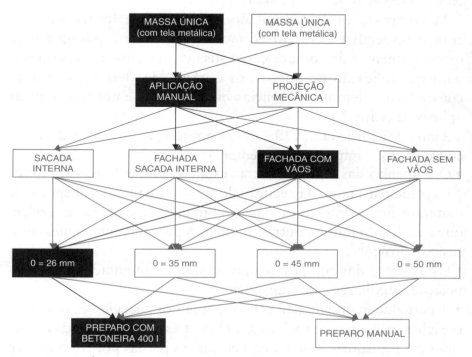

FIGURA 5.9. Árvore de Fatores do Grupo de Revestimento de Fachada com Massa Única.
Fonte: CEF (2017).

Código / Seq.	Descrição da Composição	Unidade
01. REVE. EMBO.001/01	EMBOÇO OU MASSA ÚNICA ARGAMASSA TRAÇO 1:2:8, PREPARO MECÂNICO COM BETONEIRA 400 L, APLICADA MANUALMENTE EM PANOS DE FACHADA COM PRESENÇA DE VÃOS, ESPESSURAS DE 25 MM AF_06/2014	M²
Código SIPCI		
87775		
Vigência: 06/2014	Última atualização: 02/2014	

Item	Código	Descrição	Unidade	Coeficiente
C	88309	PEDREIRO COM ENCARGOS COMPLEMENTARES	H	0,7800
C	88316	SERVENTE COM ENCARGOS COMPLEMENTARES	H	0,7800
C	87292	ARGAMASSA TRAÇO 1:28 (CIMENTO, CAL E AREIA MÉDIA) PARA EMBOÇO/MASSA ÚNICA/ASSENTAMENTO DE ALVENARIA DE VEDAÇÃO, PREPARO MECÂNICO COM BETONEIRA 400 L AF_06/2014	M³	0,0314
i	37411	TELA DE AÇO SOLDADA GALVANIZADA/ZINCADA PARA ALVENARIA, FIO D = *1,24 MM, MALHA 25 × 25 MM	M²	0,1388

FIGURA 5.10. Exemplo de composição de serviço analítica de emboço ou massa única.

Ou seja, a composição representa uma escolha de característica do serviço dentre as possibilidades de execução do mesmo. Por exemplo, se o caminho escolhido na árvore da Figura 5.9 fosse o da "projeção mecânica" da argamassa, teríamos outra composição, com coeficientes diferentes e, consequentemente, custos diferentes da que possui aplicação manual.

As composições do Sinapi são publicadas de forma analítica com o respectivo Caderno Técnico – documento que apresenta os componentes da composição e suas características, os critérios para quantificação do serviço, os critérios de aferição, as etapas construtivas, além de referências bibliográficas e normas técnicas aplicáveis (CEF, 2017).

Ainda de acordo com CEF (2017), em relação aos indicadores da composição, é importante salientar que:

• O empenho das equipes diretas está contemplado nas composições principais: tanto a execução do serviço quanto o transporte de materiais no pavimento ou nas proximidades da frente de serviço, que é realizado junto a outras atividades pelo servente incluso nessas composições.

• Os esforços das equipes de apoio estão representados nas composições auxiliares e de transporte.

• A perda de materiais está contemplada nos coeficientes das composições principais e auxiliares, inclusive as eventuais perdas ocorridas em transporte, porém, não considera perdas por roubo ou de armazenamento inadequado de estoque.

• As composições de transporte devem ser utilizadas somente para distâncias superiores a 15 metros, pois o esforço para distâncias inferiores está contemplado na composição principal. As distâncias consideradas representativas foram: acima de 15 até 30 m, acima de 30 até 50 m, acima de 50 até 75 m e acima de 75 até 100 m.

5.3.3 Conceito de "kits de composições"

O Sinapi contém o conceito de "kits de composições" que são criados como seleções pré-definidas de composições de serviços usualmente encontrados em conjunto nas obras, mesmo que executados em momentos distintos (CEF, 2017). Exemplo de kits de

Código / Seq.	Descrição da Composição	Unidade
02. INHI.ASLM.041/03 Código SIPCI 93396	BANCADA GRANITO CINZA POLIDO 0,50 0,60 M, INCL. CUBA DE EMBUTIR OVAL EM LOUÇA BRANCA 35 x 50 CM, VÁLVULA METAL CROMADO, SIFÃO FELXÍVEL PVC, ENGATE 30 CM FLEXÍVEL PLÁSTICO E TORNEIRA CROMADA DE MESA, PADRÃO POPULAR – FORNEC. E INSTALAÇÃO. AF_12/2013	UN
Vigência: 12/2013	Última atualização: 03/2016	

Item	Código	Descrição	Unidade	Coeficiente
C	86895	BANCADA DE GRANITO CINZA POLIDO PARA LAVATÓRIO 0,50 x 0,60 M – FORNECIMENTO E INSTALÇÃO. AF_12/20136	UN	1,0000
C	86937	CUBA DE EMBUTIR OVAL EM LOUÇA BRANCA, 35 x 50 CM OU EQUIVALENTE, INCLUSO VÁLVULA EM METAL CROMADO E SIFÃO FLEXÍVEL EM PVC – FORNECIMENTO E INSTALAÇÃO. AF_12/2013	UN	1,0000
C	86884	ENGATE FLEXÍVEL EM PLÁSTICO BRANCO 1/2" x 30 CM – FORNECIMENTO E INSTALAÇÃO. AF_12/2013	UN	1,0000
C	86906	TORNEIRA CROMADA DE MESA, 1/2* OU 3/4*, PARA LAVATÓRIO, PADRÃO POPULAR – FORNECIMENTO E INSTALAÇÃO. AF_12/2013	UN	1,0000

FIGURA 5.11. Composição de bancada de granito com cuba e acessórios.
Fonte: CEF (2017).

Composições do Grupo Louças e Metais, em que se criam referências com os diversos serviços de mesmo padrão de acabamento de forma agrupada, selecionados como item único, que engloba bancada em granito, cuba de embutir, válvula, sifão, engate flexível e misturador (Figura 5.11).

5.3.4 Conceito de "composição representativa"

Com o intuito de racionalizar a utilização das composições foram criadas no Sinapi as Composições Representativas, concebidas para alguns grupos de composições como alternativas ao processo de quantificação detalhada dos serviços. São elaboradas a partir da ponderação de composições detalhadas e quantitativos levantados em situações paradigmas, que representam, com boa aderência, boa parte das situações que se quer orçar (CEF, 2017).

A Figura 5.12 mostra o exemplo de uma casa com vários tipos de paredes, com e sem vãos, e com vários tamanhos (itens definidores da composição de custo para alvenaria).

A alvenaria desta casa pode ser orçada pela composição representativa 01.PARE.ALVE.043/01, conforme apresentado na Figura 5.13. Esta composição foi elaborada a partir da ponderação das composições que estão abaixo dela (códigos: 87495, 87503, 87511, 87519).

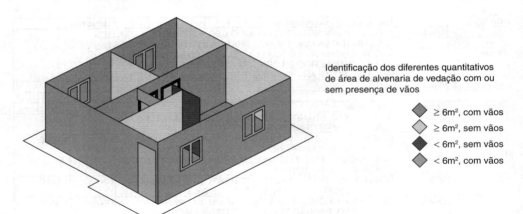

FIGURA 5.12. Edificação habitacional unifamiliar.
Fonte: CEF (2017).

Código / Seq.	Descrição da Composição	Unidade
01.PARE.ALVE.043/01 Código SIPCI 89168	(COMPOSIÇÃO REPRESENTATIVA) DO SERVIÇO DE ALVENARIA DE VEDAÇÃO DE BLOCOS VAZADOS DE CERÂMICA DE 9 × 19 × 19 CM (ESPESSURA 9 CM), PARA EDIFICAÇÃO HABITACIONAL UNIFAMILIAR (CASA) E EDIFICAÇÃO PÚBLICA PADRÃO. AF_11/2014	M²
Vigência: 11/2014	Última atualização: 12/2014	

Item	Código	Descrição	Unidade	Coeficiente
C	87495	ALVENARIA DE VEDAÇÃO DE BLOCOS CERÂMICOS FURADOS NA HORIZONTAL DE 9 × 19 × 19 CM (ESPESSURA 9 CM) DE PAREDES COM ÁREA LÍQUIDA MENOR QUE 6 M² SEM VÃOS E ARGAMASSA DE ASSENTAMENTO COM PREPARO EM BETONEIRA. AF_06/2014	M²	0,2334
C	87503	ALVENARIA DE VEDAÇÃO DE BLOCOS CERÂMICOS FURADOS NA HORIZONTAL DE 9 × 19 × 19 CM (ESPESSURA 9 CM) DE PAREDES COM ÁREA LÍQUIDA MAIOR OU IGUAL A 6 M² SEM VÃOS E ARGAMASSA DE ASSENTAMENTO COM PREPARO EM BETONEIRA. AF_06/2014	M²	0,2028
C	87511	ALVENARIA DE VEDAÇÃO DE BLOCOS CERÂMICOS FURADOS NA HORIZONTAL DE 9 × 19 × CM (ESPESSURA 9 CM) DE PAREDES COM ÁREA LÍQUIDA MENOR QUE 6 M² COM VÃOS E ARGAMASSA DE ASSENTAMENTO COM PREPARO EM BETONEIRA. AF_06/2014	M²	0,2470
C	87519	ALVENARIA DE VEDAÇÃO DE BLOCOS CERÂMICOS FURADOS NA HORIZONTAL DE 9 × 19 × CM (ESPESSURA 9 CM) DE PAREDES COM ÁREA LÍQUIDA MENOR QUE 6 M² COM VÃOS E ARGAMASSA DE ASSENTAMENTO COM PREPARO EM BETONEIRA. AF_06/2014	M²	0,3168

FIGURA 5.13. Composição representativa de alvenaria de vedação.
Fonte: CEF (2017).

5.3.5 Preços dos insumos do Sinapi

De acordo com CEF (2017) os insumos do Sinapi são organizados em famílias homogêneas, para as quais é selecionado o insumo mais recorrente no mercado nacional como insumo "representativo", sendo os demais da mesma família denominados "representados".

Tomando-se como exemplo de família homogênea: "Família de Tubos em PVC para Água Fria", o insumo mais recorrente é o "9867 – tubo PVC, soldável, DN 20 mm, água fria – NBR 5648", este é o chamado representativo, os tubos de outros diâmetros são os chamados representados.

O preço dos insumos representativos é coletado,[7] enquanto os preços dos demais insumos são obtidos por meio da utilização de coeficientes de representatividade, os quais indicam a proporção entre o preço do chefe da família (insumo representativo) e os preços de cada um dos demais insumos da família (CEF, 2017).

Para a CEF (2017), a coleta de preços possui as seguintes premissas: é feita em estabelecimentos regulares, para aquisição com pagamento à vista, não incluindo o frete, exceto se indicado na descrição do insumo, não contemplam possíveis diferenças entre preços praticados em capitais e outras cidades ou efeitos obtidos em processo de negociação e compra; o valor da mão de obra é pesquisado junto às construtoras ou entidades representantes das categorias profissionais. Os insumos de mão de obra também seguem a lógica de "famílias homogêneas" usada nos materiais, e consideram custos de equipes próprias, não sendo considerados custos de regimes de empreitada ou de terceirização. Sobre os insumos de mão de obra incidem Encargos Sociais, de forma percentual, com cálculo específico para cada estado. Mensalmente, a CEF divulga dois tipos de relatórios de preços: (1) desonerados – consideram os efeitos da desoneração da folha de pagamentos da construção civil (Lei 13.161/2015), ou seja, obtidos com exclusão da incidência de 20% dos custos com INSS no cálculo do percentual relativo aos Encargos Sociais; e (2) não desonerados – consideram a parcela de 20% de INSS nos Encargos Sociais.

5.4 Sicro

O Sistema de Custos de Obras Rodoviárias (Sicro) é um banco de dados de composições de custos de referência para obras de infraestrutura de transportes nos modais de transportes rodoviário,

---

7. A coleta de preços dos insumos do Sinapi é feita pelo Instituto Brasileiro de Geografia e Estatística.

ferroviários e hidroviários. No Manual de Custos de Infraestrutura de Transportes do Departamento Nacional de Infraestrutura de Transportes (BRASIL/DNIT, 2017) estão apresentadas as metodologias, as premissas e as memórias adotadas para o cálculo dos custos de referência dos serviços necessários à execução destas obras e suas estruturas auxiliares, sendo algumas delas pinçadas a seguir.

5.4.1 Definição de composição horária, de custo, unitária e analítica

A composição horária consiste no detalhamento do custo horário do serviço que expressa a descrição, quantidades, produção, custos de mão de obra, utilizações produtivas e improdutivas dos equipamentos e custos dos materiais, necessários à execução do serviço em determinada unidade de tempo, normalmente em uma hora.

A composição de custo horária constitui a forma mais adequada para modelar serviços cíclicos que envolvam a utilização coordenada de patrulhas com diferentes equipamentos, sendo, por esta razão, a forma mais comum e recomendada para elaboração de orçamentos de obras de infraestrutura de transportes.

A composição unitária consiste no detalhamento do custo unitário do serviço que expressa a descrição, quantidades, produções e custos unitários da mão de obra, dos materiais e dos equipamentos necessários à execução de uma unidade de serviço. Em síntese, é a relação de insumos e seus respectivos custos e consumos necessários à produção de uma determinada unidade de serviço.

A composição analítica de custo unitário é representada em uma planilha contendo todos os insumos que compõem o serviço, com suas respectivas quantidades, necessárias para o cálculo do custo unitário do serviço.

Composição Mista Horária/Unitária – É um procedimento misto, onde parte da composição de custo é definida no formato horário e o restante em formato unitário. No caso específico do Sicro, as parcelas referentes aos equipamentos e mão de obra são definidas no formato horário e as parcelas referentes aos materiais, serviços auxiliares e transportes são definidas no formato unitário.

De acordo com BRASIL/DNIT (2017), a confecção das composições de custos foi baseada em premissas obtidas a partir de informações técnicas, especificações de serviços, manuais, catálogos, observações de campo e procedimentos executivos que atentem para critérios técnicos de racionalidade, de eficiência e de economicidade.

5.4.2 Consideração do fator de influência de chuvas e do fator de interferência do tráfego

Em face de sua natureza essencialmente linear, o conhecimento das condições climáticas regionais constitui fator fundamental para o planejamento de uma obra de infraestrutura de transportes. Por meio do tratamento da série histórica de centenas de estações pluviométricas do país, o Sicro propõe a utilização de um Fator de Influência de Chuvas (FIC) a ser aplicado sobre o custo unitário de execução dos serviços que sofram influência das chuvas em sua produção. Além das chuvas, o volume de tráfego local é fator real de redução de produção dos serviços, principalmente nas proximidades dos grandes centros. Por essa razão, o Sicro apresenta o conceito de Fator de Interferência de Tráfego (FIT) a ser aplicado sobre o custo unitário de alguns serviços nas obras de melhoramentos, de adequação de capacidade, de restauração, de conservação e de transporte, em função do volume médio diário de tráfego (BRASIL/DNIT, 2017).

5.4.3 Tratamento dado aos tempos produtivos e improdutivos nas composições

Os conceitos e o modelo matemático adotado no cálculo das composições de custos unitários do Sicro consideram dois períodos de tempo diferentes na atuação regular dos equipamentos: a hora produtiva e a hora improdutiva. Durante a hora produtiva, o equipamento encontra-se dedicado ao serviço, com seus motores ou acionadores em funcionamento. Neste caso, o equipamento encontra-se efetivamente executando uma tarefa na frente de serviço. Na hora improdutiva, o equipamento encontra-se parado, com o motor desligado e em situação de espera, aguardando que algum outro membro da patrulha mecânica conclua sua parte, de modo a garantir frente para que ele possa atuar. Os equipamentos que participam de tarefas específicas e com utilização parcial em um determinado serviço, quando não limitados pelas operações da patrulha, serão quantificados de forma fracionada e terão apenas seu custo produtivo remunerado (BRASIL/DNIT, 2017).

Em consequência desses conceitos, o custo horário produtivo consiste no somatório de todas as parcelas envolvidas com a operação dos equipamentos, a saber: custo de propriedade, de manutenção e de operação. Já o custo horário improdutivo é constituído, além do custo da mão de obra, por parcelas referentes à depreciação do equipamento e à remuneração do capital. Matematicamente, a improdutividade aparece quando se compara a produção horária da equipe com a dos equipamentos individualmente. O coeficiente de utilização produtivo é o quociente da produção da equipe pela produção de cada tipo de equipamento e deve sempre ser menor ou igual a 1. O coeficiente de utilização improdutiva é obtido por meio desta diferença (BRASIL/DNIT, 2017).

Exemplo de composição de custo para escavação subterrânea e carregamento em túnel

SISTEMA DE CUSTOS REFERENCIAIS DE OBRAS - SICRO						
Custo Unitário de Referência					Produção da equipe	4,50 m³
6219411 Escavação subterrânea e carregamento em túnel classe VI - DMT de 0 a 200 m - seção de 60 a 90 m²						Valores em reais (R$)
A - EQUIPAMENTOS	Quantidade	Utilização		Custo Horário		Custo
		Operativa	Improdutiva	Operativo	Improdutivo	Horário Total
E9579 Caminhão basculante com capacidade de 10 m³ - 210 kW	1,00000	0,07	0,93	-	-	
E9017 Escavadeira hidráulica sobre esteira com capacidade de 0,4 m³ - 64 kW	1,00000	0,07	0,93	-	-	
E9778 Grupo gerador - 310/340 kVA	1,00000	1,00	0,00	-	-	
E9501 Ventilador axial para ventilação forçada - 30 kW	1,00000	1,00	0,00	-	-	
				Custo horário total de equipamentos		-
B - MÃO DE OBRA	Quantidade	Unidade		Custo Horário		Custo Horário Total
P9610 Eletricista	1,00000	h		-		-
P9807 Bombeiro hidráulico	1,00000	h		-		-
P9885 Frentista de túnel	3,00000	h		-		-
				Custo horário total de mão de obra		-
				Custo horário total de execução		-
				Custo unitário de execução		-
				Custo do FIC		-
				Custo do FIT		-
C - MATERIAL	Quantidade	Unidade		Preço Unitário		Custo Unitário
M0253 Cabo isolado PVC de 16 mm² - 750 V	0,00455	m		-		-
M0260 Cabo paralelo de 3 x 1,5 mm²	0,00152	m		-		-
M0269 Cabo Sintenax de 50 mm² - 1 kV	0,00455	m		-		-
M0868 Lâmpada compacta eletrônica PLE 20 W	0,04000	un		-		-
M1732 Luva para tubo de aço galvanizado BSP classe leve - D = 50 mm	0,00008	un		-		-
M1218 Projetor externo em alumínio fundido para lâmpada até 2.000 W	0,00030	un		-		-
M1614 Tubo de aço galvanizado BSP classe leve - D = 50 mm	0,00050	m		-		-
M1702 Tubo de ventilação flexível com acessórios - D = 1,2 m	0,00303	m		-		-
				Custo unitário total de material		-
D - ATIVIDADES AUXILIARES	Quantidade	Unidade		Custo Unitário		Custo Unitário
				Custo total de atividades auxiliares		-
				Subtotal		-
E - TEMPO FIXO	Código	Quantidade	Unidade	Custo Unitário		Custo Unitário
				Custo unitário total de tempo fixo		-
F - MOMENTO DE TRANSPORTE	Quantidade	Unidade		DMT		Custo Unitário
			LN	RP	P	
				Custo unitário total de transporte		-
				Custo unitário direto total		-

Exemplo de composição de custo de escavação para tubulão a ar comprimido

SISTEMA DE CUSTOS REFERENCIAIS DE OBRAS - SICRO								
Custo Unitário de Referência							Produção da equipe	0,06 m³
6106319 Escavação manual de fuste de tubulão a ar comprimido na profundidade de 10 a 20 m em material de 2ª categoria								Valores em reais (R$)
A - EQUIPAMENTOS		Quantidade	Utilização		Custo Horário			Custo
			Operativa	Improdutiva	Operativo	Improdutivo		Horário Total
E9659	Campânula de ar comprimido com capacidade de 3 m³	0,76122	1,00	0,00	-	-		-
E9649	Compressor de ar portátil de 197 PCM - 55 kW	1,00000	1,00	0,00	-	-		-
E9671	Compressor de ar portátil de 748 PCM - 154 kW	0,76122	1,00	0,00	-	-		-
E9677	Martelete perfurador/rompedor a ar comprimido de 10 kg	1,00000	1,00	0,00	-	-		-
E9019	Câmara hiperbárica com filtro, serpentina e reservatório de ar - D = 1,80 m e H = 2 m	0,76122	1,00	0,00	-	-		-
					Custo horário total de equipamentos			-
B - MÃO DE OBRA		Quantidade	Unidade		Custo Horário			Custo Horário Total
P9835	Perfurador de tubulão a ar comprimido com insalubridade	1,00000	h		-			-
P9824	Servente	0,76122	h		-			-
					Custo horário total de mão de obra			-
					Custo horário total de execução			-
					Custo unitário de execução			-
					Custo do FIC			-
					Custo do FIT			-
C - MATERIAL		Quantidade	Unidade		Preço Unitário			Custo Unitário
					Custo unitário total de material			-
D - ATIVIDADES AUXILIARES		Quantidade	Unidade		Custo Unitário			Custo Unitário
					Custo total de atividades auxiliares			-
					Subtotal			-
E - TEMPO FIXO		Código	Quantidade	Unidade	Custo Unitário			Custo Unitário
					Custo unitário total de tempo fixo			-
F - MOMENTO DE TRANSPORTE		Quantidade	Unidade	DMT				Custo Unitário
				LN	RP	P		
					Custo unitário total de transporte			-
					Custo unitário direto total			-

Exemplo de composição de custo de armação para tubulão

SISTEMA DE CUSTOS REFERENCIAIS DE OBRAS - SICRO								
Custo Unitário de Referência							Produção da equipe	12,50 kg
6106220 Armação de fuste de tubulão em aço CA-50 com apoio de guindaste - fornecimento, preparo e colocação								Valores em reais (R$)
A - EQUIPAMENTOS		Quantidade	Utilização		Custo Horário			Custo
			Operativa	Improdutiva	Operativo	Improdutivo		Horário Total
E9660	Guindaste sobre esteiras - 220 kW	0,01130	1,00	0,00	-	-		-
					Custo horário total de equipamentos			-
B - MÃO DE OBRA		Quantidade	Unidade		Custo Horário			Custo Horário Total
P9801	Ajudante	1,00000	h		-			-
P9805	Armador	1,00000	h		-			-
					Custo horário total de mão de obra			-
					Custo horário total de execução			-
					Custo unitário de execução			-
					Custo do FIC			-
					Custo do FIT			-
C - MATERIAL		Quantidade	Unidade		Preço Unitário			Custo Unitário
M0004	Aço CA 50	1,05000	kg		-			-
M0075	Arame recozido 18 BWG	0,01500	kg		-			-
					Custo unitário total de material			-
D - ATIVIDADES AUXILIARES		Quantidade	Unidade		Custo Unitário			Custo Unitário
					Custo total de atividades auxiliares			-
					Subtotal			-
E - TEMPO FIXO		Código	Quantidade	Unidade	Custo Unitário			Custo Unitário
M0004	Aço CA 50 - Caminhão carroceria 15 t	5914655	0,00105	t	-			-
M0075	Arame recozido 18 BWG - Caminhão carroceria 15 t	5914655	0,00002	t	-			-
					Custo unitário total de tempo fixo			-
F - MOMENTO DE TRANSPORTE		Quantidade	Unidade	DMT				Custo Unitário
				LN	RP	P		
M0004	Aço CA 50 - Caminhão carroceria 15 t	0,00105	tkm	5914449	5914464	5914479		
M0075	Arame recozido 18 BWG - Caminhão carroceria 15 t	0,00002	tkm	5914449	5914464	5914479		
					Custo unitário total de transporte			-
					Custo unitário direto total			-

Exemplo de composição de custo de base alargada para tubulão a ar comprimido

SISTEMA DE CUSTOS REFERENCIAIS DE OBRAS - SICRO							
Custo Unitário de Referência					Produção da equipe		0,12 m³
6106188 Base alargada de tubulão a ar comprimido - escavação em material de 1ª categoria até a profundidade de 10 m - inclusive concretagem							Valores em reais (R$)
A - EQUIPAMENTOS		Quantidade	Utilização		Custo Horário		Custo
			Operativa	Improdutiva	Operativo	Improdutivo	Horário Total
E9659	Campânula de ar comprimido com capacidade de 3 m³	0,76282	1,00	0,00	-	-	-
E9671	Compressor de ar portátil de 748 PCM - 154 kW	0,76282	1,00	0,00	-	-	-
E9050	Guindaste sobre rodas com capacidade de 370 kNm - 75 kW	0,20000	1,00	0,00	-	-	-
E9019	Câmara hiperbárica com filtro, serpentina e reservatório de ar - D = 1,80 m e H = 2 m	0,76282	1,00	0,00	-	-	-
					Custo horário total de equipamentos		-
B - MÃO DE OBRA		Quantidade	Unidade		Custo Horário		Custo Horário Total
P9824	Servente	0,76282	h		-		-
P9835	Perfurador de tubulão a ar comprimido com insalubridade	2,00000	h		-		-
					Custo horário total de mão de obra		-
					Custo horário total de execução		-
					Custo unitário de execução		-
					Custo do FIC		-
					Custo do FIT		-
C - MATERIAL		Quantidade	Unidade		Preço Unitário		Custo Unitário
M1384	Tubo tremonha de aço	0,20557	kg		-		-
					Custo unitário total de material		-
D - ATIVIDADES AUXILIARES		Quantidade	Unidade		Custo Unitário		Custo Unitário
1110000	Concreto	1,00000	m³		-		-
					Custo total de atividades auxiliares		-
					Subtotal		-
E - TEMPO FIXO		Código	Quantidade	Unidade	Custo Unitário		Custo Unitário
M1384	Tubo tremonha de aço - Caminhão carroceria 15 t	5914655	0,00021	t	-		-
					Custo unitário total de tempo fixo		-
F - MOMENTO DE TRANSPORTE		Quantidade	Unidade	DMT			Custo Unitário
				LN	RP	P	
M1384	Tubo tremonha de aço - Caminhão carroceria 15 t	0,00021	tkm	5914449	5914464	5914479	-
				Custo unitário total de transporte			-
				Custo unitário direto total			-

Referências

Brasil. (2016) Lei no 13303, de 30 de junho de 2016. Dispõe sobre o estatuto jurídico da empresa pública, da sociedade de economia mista e de suas subsidiárias, no âmbito da União, dos Estados, do Distrito Federal e dos Municípios. Diário Oficial da União, 1 jul 2016, Seção 1:12.

Brasil. (2017) Departamento Nacional de Infraestrutura de Transportes. Diretoria Executiva. Coordenação-Geral de Custos de Infraestrutura de Transportes. Manual de Custos de Infraestrutura de Transportes. Brasília, DF: DNIT, volume 1. 246p.

CEF (Caixa Econômica Federal). (2017) Ministério da Fazenda. Sinapi: Metodologia e conceitos: Sistema Nacional de Custos e Índices da Construção Civil. Brasília, DF.

Marchiori, F.F. (2009) Desenvolvimento de um método para elaboração de redes de composições de custo para orçamentação de obras de edificações. São Paulo, Escola Politécnica da Universidade de São Paulo.

Souza, U.E.L. (2000) Como medir a produtividade da mão-de-obra na construção civil. In: VIII Encontro Nacional de Tecnologia do Ambiente Construído, Salvador. VIII Encontro Nacional de Tecnologia do Ambiente Construído. Salvador: ANTAC.

Souza, U.E.L. (2005) Como reduzir perdas nos canteiros: Manual de gestão do consumo de materiais na construção civil. São Paulo: Editora Pini.

Souza, U.E.L. (2006) Como aumentar a eficiência da mão-de-obra: manual de gestão da produtividade na construção civil. São Paulo: Editora Pini.

Souza, U.E.L.; Almeida, F.M.; Silva, L.L.R. (2003) O conceito de produtividade variável aplicado aos manuais de orçamentação. III Simpósio Brasileiro de Gestão e Economia da Construção III SIBRAGEC. Anais. UFSCar, São Carlos.

TCPO. (2013) Tabelas de composições de preços para orçamentos. 13ª Ed. São Paulo: Editora Pini.

TCPO. (2015). TCPOWeb. Site: http://tcpoweb.pini.com.br/home/home.aspx Acessado em Março, 2019.

TCU (Tribunal de Contas da União). (2014) Coordenação-geral de Controle Externo da Área de Infraestrutura e da Região Sudeste. Orientações para elaboração de planilhas orçamentárias de obras públicas. Brasília, 145 p.

Thomas, H.R.; Yiakoumis, I. (1987) Factor model of construction productivity. Journal of Construction Engineering and Management, v. 113, n. 4, p. 623-39.

Capítulo 6
Encargos sociais e complementares

6.1 Conceitos

É de fundamental importância que o orçamentista saiba o que deve ser considerado no custo da hora do colaborador da construção. Não é somente o valor pago ao funcionário no final do mês que deve ser considerado como custo da mão de obra. Ele é composto por:
- Remuneração da mão de obra (salários)
- Encargos sociais
- Encargos complementares
- Encargos adicionais[1]
- Trabalhos em condições especiais[1]

Encargos Sociais são os custos incidentes sobre os salários da mão de obra e têm sua origem na Constituição Federal de 1988, na Consolidação das Leis do trabalho, em leis específicas e nas convenções coletivas de trabalho.

São calculados de duas maneiras, uma para os profissionais horistas, mão de obra operacional e mensalista referente aos profissionais que trabalham no regime mensal.

Os encargos sociais, tanto para horistas como para mensalistas, são classificados em quatro grupos:

Grupo A – São os encargos sociais básicos referentes a contribuição obrigatória derivados de legislação específica ou de convenção coletiva de trabalho, que concedem benefícios aos empregados, a saber: como Previdência Social (INSS), Salário Educação, Seguro Contra Acidente de Trabalho, e Fundo de Garantia por Tempo de

---
1. Referem-se à classificação apresentada pelo Sicro (2017); no Sinapi (2018) é apresentado os três primeiros itens.

Serviço (FGTS) e que instituem fonte fiscal de recolhimento para instituições de caráter público, tais como INCRA, SESI, SENAI, SECONCI[2] e SEBRAE;

Grupo B – São os encargos sociais que recebem incidência do Grupo A (encargos básicos) e caracterizam-se por custos advindos da remuneração devida ao trabalhador sem que exista a prestação do serviço correspondente, a saber: Repouso semanal remunerado, feriados, auxílio-enfermidade, 13° salário, licença paternidade e maternidade, faltas justificadas, dias de chuva, auxílio acidente de trabalho e férias gozadas.

Grupo C – São os encargos sociais que não sofrem incidência do Grupo A, são de características predominantemente indenizatórias, no caso de demissão do funcionário, a saber: aviso prévio indenizado, aviso prévio trabalhado, férias indenizadas, depósito de rescisão sem justa causa e indenização adicional.

Grupo D – São as taxas de reincidências de grupo sobre o outro, sendo: reincidência de Grupo A sobre o Grupo B e reincidência do Grupo A sobre aviso prévio trabalhado e reincidência do FGTS sobre aviso prévio indenizado.

Os adicionais de periculosidade, horas extras, adicional noturno, encargos adicionais ou complementares (equipamentos de proteção individual, transporte, alimentação e ferramentas manuais), alguns direitos previstos em algumas convenções coletivas[3] de trabalho (seguro de vida em grupo, plano de saúde e fornecimento de cestas básicas) serão tratados a parte, pois não incidem sobre os encargos sociais. Os cálculos destes adicionais serão tratados em item posterior deste capítulo.

Outros pontos de atenção para o orçamentista referente ao cálculo do custo da mão de obra:

---

2. Aplicado somente em localidades onde exista ambulatório do SECONCI, de acordo com as convenções coletivas de trabalho de cada unidade da federação (Estados: AM, TO, SE, MG, ES, RJ, SP, PR, SC, MS, GO e DF) (SICRO, 2017).
3. Conforme o Sinapi (2018) as convenções coletivas são instrumentos jurídicos que estabelecem os procedimentos a serem adotados por empregadores e empregados de determinadas categorias profissionais, assim como definem, dentre vários aspectos, os benefícios a serem pagos aos trabalhadores e outras vantagens.

- Reajuste de preço para obras públicas é permitido após 12 meses contados a partir da data de apresentação da proposta (Lei 10.192, de 14 de Fevereiro de 2001).
- Os valores dos encargos sociais horistas e mensalistas são divulgados mensalmente para cada unidade da federação e Distrito Federal para o Sinapi e para o Sicro.
- A desoneração[4] da folha de pagamento da construção civil, instituída pelas Leis 12.844/2013 e 13.161/2015 devem ser consideradas nos cálculos dos encargos sociais e no BDI.
- Na indústria da construção civil é comum a terceirização por meio de empresas prestadoras de serviço, atividade regulamentada pela Lei 13.429, de 31 de março de 2017.
- Ainda é cedo para efeitos práticos das mudanças ocasionadas pela reforma trabalhista Lei 13.467 de 13 de julho de 2017, que alterou diversos dispositivos da Consolidação das Leis do Trabalho, no referente a jornada de trabalho, a remuneração, férias, rescisão contratual e relações sindicais e negociações coletivas.
- A Constituição Federal estabelece jornada de trabalho de 220 horas mensais, para o cálculo do custo mensal, aplica-se a Equação 6.1.

$$\text{Custo Mensal} = [(\text{Custo horário}) / (1 + \%\,\text{Encargos sociais horistas})] \times 220 \times (1 + \%\,\text{Encargos sociais mensalistas}) \quad (6.1)$$

- A metodologia do Sicro para o cálculo dos salários médios foi estabelecida por meio do levantamento dos salários nominais de mercado, considerando os valores referentes a salários de admissão e de desligamento nos arquivos dos microdados do Cadastro Geral de Empregados e Desempregados – CAGED. Para tanto foi

---

4. A contribuição previdenciária (INSS) possuía uma alíquota de 20% sobre a folha de pagamento. Com estas leis essa alíquota foi diminuída para um valor 4,5% (atual) sobre a receita bruta da empresa. Válido para as empresas do setor de construção civil, enquadradas nos grupos 412, 432, 433 e 439 da CNAE 2.0 (421 – Construção de Rodovias, Ferrovias, Obras Urbanas e Obras-de-arte especiais; 422 – Obras de Infraestrutura para Energia Elétrica, Telecomunicações, Água, Esgoto e Transporte por Dutos; 429 – Construção de Outras Obras de Infraestrutura e 431 – Demolição e Preparação do Terreno).

necessário desenvolver a equivalência entre categorias profissionais do Sicro e da CBO (Classificação Brasileira de Ocupações) (SICRO, 2017).
• Para o Sicro (2017) nos grupos B, C e D os encargos variam de acordo com a categoria de profissional, a unidade da federação e o regime de trabalho (horista e mensalista). No Grupo A, os encargos sociais são os mesmos para todas as categorias profissionais em todas as unidades da federação, com exceção do SECONCI, e regimes de trabalho.
• Para o Sinapi (2018) o valor do salário da mão de obra é pesquisado junto às entidades representantes das categorias profissionais e/ou construtoras. Os insumos de mão de obra também formam famílias homogêneas (insumos representativos e representados). Os dados de mão de obra correspondem a custos de equipes próprias.

A seguir serão apresentados as considerações e os métodos de cálculos para os encargos sociais de horistas e mensalistas desenvolvidos pelo Sinapi (2018) e Sicro (2017).

6.1.1 Grupo A: Horistas

Na Tabela 6.1 são apresentados a parcela de contribuição, a legislação, o método de cálculo e valores para o Sicro e Sinapi para a localidade de Brasília-DF para mão de obra sem desoneração.

Para mão de obra com desoneração o valor referente ao INSS é 0,00%, influenciando os valores nos Grupos A e D, os demais permanecem inalterados.

6.1.2 Grupo B: Horistas

Na Tabela 6.3 são apresentadas as parcelas de contribuição, a legislação e o método de cálculo para o Sicro e Sinapi.

Para o Sicro os encargos sociais são calculados em função da categoria profissional.

A metodologia de cálculo do Sinapi (2018) considera horas trabalhadas:
• Por mês: 220 horas
• Por dia: 7,33 horas
• Por ano: 365,25 horas $\times$ 7,33 horas = 2.678,50 horas

TABELA 6.1. Encargos sociais do Grupo A, legislação aplicada, método de cálculo e valores

Descrição Grupo A	Legislação aplicada (adaptada de Baeta [2012] e Sicro [2017])	Sicro (2017) (%)	Sinapi (2018) DF (%)	Considerações de cálculo para o Sinapi (2018)
Previdência Social	Decreto 3.048, de 06/05/1999 e Art. 25 do Decreto 3048/99, de 08/05/1999	20,00	20,00	• Dias do ano: 365,25 dias (considerando 0,25 dias por ano decorrente da influência do ano bissexto) • Horas de trabalho por semana: 44 horas • Dias de trabalho por semana: 6 dias (incluindo sábado) • Horas de trabalho por dia = 44/6 = 7,33 horas • Horas trabalháveis ao ano = 365,25 horas × 7,33 horas = 2.678,50 horas • Horas efetivamente trabalhadas ao ano – Média de dias de chuva ao ano (Pesquisa INMET últimos 10 anos) • Taxa de rotatividade de empregados calculado com base CAGED, com as seguintes especificações: (1) Especificação consulta; (2) Competência inicial e final; (3) Nível geográfico; e (4) Nível setorial • Taxa de Rotatividade Descontada* (TRD) (apenas dispensados sem justa causa) = Dispensados descontados/Estoque médio • Duração Média de Emprego** = 12/TRD • Percentual de Dispensados Sem Justa Causa*** = Dispensados Sem Justa Causa/ Dispensados Descontados
FGTS	Lei 8.036, de 11/05/1990	8,00	8,00	
Salário Educação	Lei 9.766, de 18/12/1998	2,50	2,50	
SESI	Decreto-Lei 9.403/46, Lei 8.036/90, Decreto-Lei 1.861/81 e Art. 1º do Decreto 1.867/81	1,50	1,5	
SENAI/SEBRAE	Decreto-Lei 4.048/42, Decreto-Lei 4.936/42, Decreto-Lei 6.246/44, Decreto-Lei 1.861/81, Decreto 1.867/81, Art. 1º, alterado pela Lei 8.154/90, Lei 8.029/90 e Decreto 99.570/90	1,60	1,00 (SENAI) 0,60 (SEBRAE)	
INCRA	Lei 2.613/55, Decreto-Lei 1.146/70, Art. 1º, Decreto-Lei 1.110/70, Lei Complementar 11/71, Decreto 1.867/81, Lei 7.787/89 e Lei 10.256/2001	0,20	0,20	
Seguro Contra Risco e Acidente de Trabalho (INSS)	Art. 26 regulamentado pelo Art. 22, item II, letra A da Lei 8.212 de 24/07/91. Portaria 3.002/92 do Ministério do Trabalho e Previdência Social	3,00	3,00	
SECONCI - Estados: AM, TO, SE, MG, ES, RJ, SP, PR, SC, MS, GO, DF.	Somente em localidades onde exista ambulatório do SECONCI, de acordo com as convenções coletivas de trabalho de cada unidade da federação	1,00	1,00	
Total		37,80	37,80	

* Informações obtidas pela consulta ao CAGED.
** Informações obtidas pela consulta ao CAGED.
*** Informações obtidas pela consulta ao CAGED.
Fonte: Adaptada de Sicro (2017) e Sinapi (2018).

Tabela 6.2. Cálculo da média das horas trabalhadas (trabalhadores horistas e mensalistas)

Descrição dos itens	Unidade
Dias no ano	385,25
Domingos	52,25
Feriados no ano sem ser domingo	14,375
Dias úteis	298,625
Horas globais trabalháveis (7.333 horas/dia)	2.189,82
Horas globais/mês trabalháveis	182,49
Dias em férias, exceto domingos	24,46
Horas em férias exceto domingos e feriados	179,28
Horas em faltas abonadas	14.666
Horas em licença-paternidade	1.636
Horas em licença-maternidade	0.111
Horas em auxílio-enfermidade	4,13
Horas trabalhadas no ano	1.990,00
Horas trabalhadas no ano em considerar licença-paternidade	1.991,63
Horas trabalhadas no ano sem considerar licença-maternidade	1.990,11

Fonte: Sicro (2017).

Os cálculos de horas não trabalhadas para o Sicro são apresentadas na Tabela 6.2.

6.1.3 Grupo C: Horistas

Na Tabela 6.4 são apresentados a parcela de contribuição, a legislação e o método de cálculo para o Sicro e o Sinapi, para os encargos referentes ao Grupo C que são qualificados por não sofrerem incidência dos encargos do Grupo A.

Para o Sicro, os encargos sociais são calculados em função da categoria profissional. Para o Sinapi e o Sicro, são medidos para cada unidade da federação e Distrito Federal.

TABELA 6.3. Encargos sociais do Grupo B, legislação aplicada, método de cálculo

Descrição Grupo B	Legislação aplicada (adaptada de Baeta [2012] e Sicro [2017])	Considerações de cálculo para o Sicro (2017)	Considerações de cálculo para o Sinapi (2018)
Repouso Remunerado (Domingos)	Art. 67 CLT e Lei 605 de 5 de janeiro de 1949 (parágrafo 2º do art. 7º) – Apenas para trabalhadores horistas	$\left(\left[\left(\dfrac{\frac{PRE}{MA} * DA}{DS}\right) * \left(\dfrac{MA}{PRE}\right) * JDT\right] * 100\right)$ Onde: MA = Meses do ano = 12 meses DA = Dias no ano = 365,25 dias PRE = Rotatividade da categoria profissional (CAGED por categoria profissional) F = Período de férias = 30 dias DS = Dias da semana = 7 dias JDT = Jornada diária de trabalho = 44 horas / 6 dias = 7,33 horas HT1 = Número de horas trabalhadas no ano = 1.990,00	Aplica-se a Equação 6.2 $\left[\dfrac{\left[\left(\left(\left((DMC)/(12\ meses)\right)*362,25\ dias\right)\right)-\left(\frac{12\ meses}{DMC}\right)*7,33\ horas\right]}{7\ dias}\right]$ Onde: DMC = Duração média do contrato (CAGED) O percentual é calculado: Repouso remunerado (h) / total Horas Efetivas de Trabalho Por Ano Horas Efetivas de Trabalho Por Ano = 2678,50 – Σ Horas Remuneradas não Trabalhada
Feriados e Dias Santificados Nacionais	Art. 70 da CLT Art. 1º da Lei 605 de 5/11/49 e Decreto-Lei 86 de 27/12/66 Lei 9.093, de 12 de setembro de 1995 Lei 9.335, de 10 de dezembro de 1996 Lei 10.607 de 19/12/2002 (nova redação)	$\left(\left[\left(\dfrac{PRE}{MA}\right)*NFA*\left(\dfrac{PRE-1}{PRE}\right)*\left(\dfrac{MA}{PRE}\right)*JDT\right]*100\right)$ Onde: NFA = Número de feriados no ano = 14,38 feriados (Tabela 6.2)	É adotado o número anual de horas correspondentes aos feriados existentes na praça de referência (FPR) descontando o mês de férias $= \left[\left[\left(\dfrac{DMC}{12\ meses}\right)*FPR\right]*\left(\dfrac{DMC-1}{DMC}\right)\right] * \left(\dfrac{12\ meses}{DMC}\right)$ Transforma o resultado em dias para horas multiplicando por 7,33h O percentual é calculado = Feriados (h) / total Horas Efetivas de Trabalho Por Ano

(Continua)

TABELA 6.3. Encargos sociais do Grupo B, legislação aplicada, método de cálculo (*Cont.*)

Descrição Grupo B	Legislação aplicada (adaptada de Baeta [2012] e Sicro [2017])	Considerações de cálculo para o Sicro (2017)	Considerações de cálculo para o Sinapi (2018)
Férias (30 dias)	Decreto-Lei 1.535/77	Para permanência igual ou superior a 12 meses considera-se o valor correspondente a um período de férias gozadas ao ano. Para permanência inferior a 12 meses, é considerado o valor 0. $$\left(\left(\left(\frac{\frac{PRE}{MA}*DA}{DS}\right)*\left(\frac{MA}{PRE}\right)\right)JDT\right)*100$$ $$PRE \geq 12 = \frac{1+\frac{1}{3}}{12}*\frac{HT}{HT1}*100$$ Onde: HT1 = Número de horas trabalhadas no ano HT = Número de horas trabalháveis no ano	Calcule-se o impacto proveniente de 30 dias de férias (adicionando-se o equivalente a 10 dias, referentes ao terço Constitucional) gozadas em um contrato $$(30\ dias + 10\ dias)*\frac{12\ meses}{DMC}*7,33\ horas$$ O percentual é calculado = Férias (h) / total Horas Efetivas de Trabalho Por Ano
Auxílio Enfermidade (15 primeiros dias)	Decreto 3.048, de 06/05/1999	O cálculo do percentual de Auxílio Enfermidade é realizado em função dos dados originários do Anuário Estatístico da Previdência Social – AEPS do Ministério da Previdência Social 1º Calcula-se Determinação do Percentual Obtido (PO) $$PO = \frac{NAD}{NCE}*100$$ Onde: NAD = Número de auxílios doença concedidos NCE = Número de contribuintes empregados 2º Calcula-se Determinação do Número de Dias de Auxílio Enfermidade (DAE) $DAE = PO * DAD$	Portanto, para efeito de cálculo, é considerada a parcela detectável pelas estatísticas oficiais (3,37% × 15 dias) acrescida de 2 dias de ausência por motivo de doença ao ano multiplicado por 7,33 horas O percentual é calculado = Auxílio enfermidade (h) / total Horas Efetivas de Trabalho Por Ano

		Onde: DAD = Número de auxílio doença pagos pelo empregador = 15 3º Calcula-se Determinação do Auxílio-enfermidade $$\frac{(DAE+2)*JDT}{HT1}*100$$ Onde: JDT representa a jornada diária de trabalho = 44 horas / 6 dias = 7,33 horas; HT1 = Número de horas trabalhadas no ano
Auxílio de Acidente de Trabalho (15 primeiros dias)	Lei 9.528, de 10/12/1997	Segundo o Anuário Estatístico da Previdência Social de 2012, 8,95% dos contribuintes da previdência social ligados às atividades de construção civil foram beneficiados com a emissão de auxílio acidente de trabalho $$\left(\frac{(BAA*15)*JDT}{HT1}\right)*100$$ Onde: BAA = Percentual de beneficiados com o auxílio = 8,95 JDT = Jornada diária de trabalho = 44 horas / 6 dias = 7,33 horas HT1 representa o número de horas trabalhadas no ano = 1.990,00 horas	Segundo o Anuário Estatístico da Previdência Social de 2015, 1,96% dos contribuintes da Previdência. (1,96% × 15 dias * 7,33 horas) O percentual é calculado = Auxílio de acidente (h) / total Horas Efetivas de Trabalho Por Ano

(Continua)

TABELA 6.3. Encargos sociais do Grupo B, legislação aplicada, método de cálculo (*Cont.*)

Descrição Grupo B	Legislação aplicada (adaptada de Baeta [2012] e Sicro [2017])	Considerações de cálculo para o Sicro (2017)	Considerações de cálculo para o Sinapi (2018)
Licença-paternidade (5 dias consecutivos)	Art. 7º, inciso XIX da Constituição Federal/1988	É realizado em função de parâmetros obtidos no CAGED e no IBGE, conforme a sequência a seguir: 1º Passo: Determinação da Taxa de Fecundidade (PTF): $$\frac{TFE}{(49-15)}*100$$ Onde: TFE = Taxa de fecundidade (IBGE) 2º Passo: Determinação do número de dias de licença-paternidade (CLP): $PTF * DLT$ Onde: DLP = Número de dias de licença-paternidade concedidos por lei = 5. 3º Passo: Determinação do Número de Dias de Licença (NDL) $DLP * PTF * PNH * PNHF$ Onde: PNH = Percentual de homens na função (CAGED) PNHF = Proporção de homens na função em idade fértil (CAGED) 4º Passo: Determinação da Licença-paternidade $$\frac{NDL*JDT}{HT2}*100$$ Onde: NDL = Número de dias de licença; JDT = Jornada diária de trabalho = 44 horas / 6 dias = 7,33 horas; HT2 = Número de horas trabalhadas no ano sem considerar licença-paternidade	Neste cálculo, considera-se a incidência de indivíduos do sexo masculino no setor da construção civil (90,64%), a proporção desses trabalhadores na faixa dos 18 aos 49 anos (76,34%), e a probabilidade de um trabalhador nessas condições requerer a Licença-paternidade (5,22%) – dados obtidos no Anuário RAIS (Ministério do Trabalho e Emprego) de 2015 e em publicação intitulada *Pesquisa Nacional por Amostra de Domicílios*, de 2015, obtida através do Sistema IBGE de Recuperação Automática (SIDRA). (5 * 90,64% * 76,34% * 5,22) * 7,33 O percentual é calculado = Licença paternidade (h) / total Horas Efetivas de Trabalho Por Ano

Considerações de cálculo para o Sicro (2017): $\left(\left(\left(\frac{\frac{PRE}{MA}*DA}{DS}\right)*\left(\frac{MA}{PRE}\right)*JDT\right)*100\right)$

Faltas Justificadas	Art. 473 e 822 da CLT, alterado pelo Decreto-Lei 229, de 28/02/67: • 2 dias consecutivos por morte de ascendente, descendente ou cônjuge • 3 dias consecutivos em caso de casamento • 2 dias a cada 12 meses para doação voluntária de sangue • 2 dias para alistamento eleitoral • período em que estiver cumprindo as exigências do serviço militar Lei 1.060 de 05/03/1950 • 1 dia por ano para internação de dependente • dias em que estiver a serviço da justiça como testemunha. Por determinação de lei específica: • dias de greves devidamente reconhecidos por determinação judicial • • dias reconhecidamente de calamidade pública	Para fins de cálculo, estas ocorrências permitidas por Lei foram estimadas em 2 dias ao ano. $$\frac{DAJ * JDT}{HT1} * 100$$ Onde: DAJ = Número de dias de ausência justificada = 2 dias JDT = Jornada diária de trabalho = 44 horas / 6 dias = 7,33 horas HT1 = Número de horas trabalhadas no ano	Adota-se aqui a média de 2 dias/ano. (2 dias *7,33 horas) O percentual é calculado = Faltas (h) / total Horas Efetivas de Trabalho Por Ano

(Continua)

TABELA 6.3. Encargos sociais do Grupo B, legislação aplicada, método de cálculo (*Cont.*)

Descrição Grupo B	Legislação aplicada (adaptada de Baeta [2012] e Sicro [2017])	Considerações de cálculo para o Sicro (2017)	Considerações de cálculo para o Sinapi (2018)
13º Salário	Lei 4090/62, Lei 7787/89 e inciso VII do Art. 7º da Constituição Federal. Deve ser pago no mês de dezembro de cada ano, podendo a primeira metade ser paga por ocasião das férias	$\frac{1}{12} * \frac{HT}{HT1} * 100$ Onde: HT1 = Número de horas trabalhadas no ano HT = Número de horas trabalháveis no ano	(30 dias * 7,33 horas) O percentual é calculado = 13º salario (h) / total Horas Efetivas de Trabalho Por Ano
Dias de Chuva		O Sicro propõe a utilização de um Fator de Influência de Chuvas (FIC) a ser aplicado sobre o custo unitário de execução dos serviços que sofram influência das chuvas em sua produção	1. Buscar os dados médios de dias de chuva no INMET – Instituto Nacional de Meteorologia, para os últimos 10 para localização desejada 2. Fazer a proporção destes dias com os dias úteis. 3. Considerar premissas utilizadas em estudo realizado pelo IBEC (Instituto Brasileiro de Engenharia de Custos), cerca de 20% das chuvas ocorrem durante o dia ou têm duração considerável, bem como o fato de que em uma obra no segmento habitacional 20% das atividades necessitam de bom tempo (Proporção de dias úteis com chuva * 20%) * 20%) * 7,33 O percentual é calculado: Dias de chuva (h) / total Horas Efetivas de Trabalho Por Ano

Considerações de cálculo para o Sicro (2017) formula (13º Salário row, expanded):

$$\left[\left(\frac{\left(\frac{PRE}{MA}\right)*DA}{DS}\right) * \left(\frac{MA}{PRE}\right) * JDT\right] * 100$$

| Licença Maternidade (120 dias) | Art. 7º, inciso XII da Constituição Federal | Percentual da taxa de fecundidade do IBGE (PTF), utilizando os valores de cada unidade da federação: $$PTF*PNM*PNMF*\frac{DLM}{365,25}*\frac{30+10}{HT3}*JDT$$ Onde: PTF = Taxa de fecundidade na construção civil (IBGE) PNM = Fração de mulheres na função (IBGE) PNMF = Proporção de mulheres em idade fértil (15 – 49 anos) (IBGE) DLM = Dias de licença-maternidade concedidos = 120 dias HT3 = Número de horas trabalhadas no ano sem considerar licença-maternidade JDT = Jornada diária de trabalho = 44 horas / 6 dias = 7,33 horas | A probabilidade de que uma trabalhadora venha a requerer o salário-maternidade, tendo em vista a taxa de natalidade do Brasil (IBGE, 2016), é de 4,91%. Considerando-se ainda que 9,36% das vagas de trabalho da construção civil são ocupadas por mulheres, e que 78,06% (dados da RAIS de 2015) estão em idade fértil (15 – 49 anos) $$4,91\%*9,36\%*78,06\%*\left(\frac{120}{365,25}\right)$$ $$*(30+30+10)*7,33$$ O percentual é calculado: Licença-maternidade (h) / total Horas Efetivas de Trabalho Por Ano |

Fonte: Adaptada de Sicro (2017) e Sinapi (2018).

TABELA 6.4. Encargos sociais do Grupo C, legislação aplicada, método de cálculo

Descrição Grupo C	Legislação aplicada (adaptada de Baeta [2012] e Sicro [2017])	Considerações de cálculo para o Sicro (2017)	Considerações de cálculo para o Sinapi (2018)
Aviso Prévio Indenizado	Parágrafo 1º, Artigo 487 da CLT Decreto 6.727 de 2009	O Sicro (2017) adotou o aviso prévio indenizado correspondente a 90% dos casos. O percentual da parcela de remuneração referente ao aviso prévio indenizado é calculado em função do período de permanência médio de cada categoria profissional, obtido no CAGED, utilizando as fórmulas a seguir: 1. Se PRE ≤ 12 meses (aviso prévio indenizado de 30 dias): $$\frac{1}{PRE} * DSJ * 100 * 0{,}90$$ 2. Se 12 < PRE < 24 (aviso prévio indenizado de 33 dias): $$\frac{1{,}1}{PRE} * DSJ * 100 * 0{,}90$$ 3. Se 24 < PRE < 36 (aviso prévio indenizado de 36 dias): $$\frac{1{,}2}{PRE} * DSJ * 100 * 0{,}90$$	O Sinapi (2018) adotou a razão de 90% dos casos como indenizados para a situação paradigma da construção civil. Prazo de duração média do contrato (PDM) ≤ 12 meses = 30 dias 12 < PDM < 24 = 33 dias 24 < PDM < 36 = 36 dias 36 < PDM < 48 = 39 dias $$\frac{PDM * TRAD * PDSJC * 90\% * 7{,}33}{HETA}$$ Onde: TRAD = Taxa de rotatividade anual descontada (CAGED) PDSJC = Proporção de dispensados sem justa causa (CAGED) HETA = Horas efetivas de trabalho por ano

		4. Se 36 < PRE < 48 (aviso prévio indenizado de 39 dias) $$\frac{1,2}{PRE}*DSJ*100*0,90$$ Onde: PRE = Rotatividade da categoria profissional (CAGED) DSJ = Percentual de dispensados sem justa causa (CAGED)	
Aviso Prévio Trabalhado	Art. 488 da CLT e art. 7º, inciso XXI da Constituição Federal de 1988	O Sicro (2017) adotou-se por ser a situação menos comum, definiu-se que o aviso trabalhado corresponde a 10% dos casos. Aviso Prévio Trabalhado representa à redução de 2 horas diárias na jornada de trabalho, sem prejuízo do salário, pelo período de 30 dias. $$\frac{RJT}{JDT}*\frac{DST}{PRE}*100*0,1$$ Onde: RJT = Redução na jornada diária de trabalho = 2 horas JDT = Jornada diária de trabalho = 44 horas / 6 dias = 7,33 horas PRE = Rotatividade da categoria profissional (CAGED) DSJ = Fração de funcionários dispensados sem justa causa (CAGED)	$$\frac{7\ DIAS*TRAD*PDSJC*10\%*7,33}{HETA}$$ Onde: TRAD = Taxa de rotatividade anual descontada (CAGED) PDSJC = Proporção de dispensados sem justa causa (CAGED) HETA = Horas efetivas de trabalho por ano O cálculo deste encargo toma por base o custo equivalente a 7 dias de trabalho (2 horas por 30 dias, de acordo com a lei).

(Continua)

TABELA 6.4. Encargos sociais do Grupo C, legislação aplicada, método de cálculo (*Cont.*)

Descrição Grupo C	Legislação aplicada (adaptada de Baeta [2012] e Sicro [2017])	Considerações de cálculo para o Sicro (2017)	Considerações de cálculo para o Sinapi (2018)
Férias indenizadas	Decreto-Lei 1.535, de 15/04/77	As férias indenizadas correspondem ao número de meses incompletos de férias. 1º Passo: Determinação do número de meses incompletos de férias: $NMIF = \frac{PRE}{12} - INTEIRO\left(\frac{PRE}{12}\right)$ Onde: NMIF = Número de meses incompletos de férias PRE = Rotatividade da categoria profissional 2º Passo: Determinação das férias indenizadas $\frac{(30\ dias + 10\ dias) * NMIF * DSJ * JDT}{HT1} * 100$ Onde: NMIF = Número de meses incompletos de férias DSJ = Fração de funcionários dispensados sem justa causa (CAGED) JDT = Jornada diária de trabalho = 7,33 horas HT1 = Número de horas trabalhadas no ano	De acordo com o Artigo 146 da CLT, na cessação do contrato de trabalho, após 12 meses de serviço, o empregado, desde que não tenha sido demitido por justa causa, tem direito à remuneração relativa ao período incompleto de férias, de acordo com o Artigo 130, na proporção de uns doze avos por mês de serviço ou fração superior a 14 dias. $(30\ dias + 10\ dias) * \frac{\frac{TT}{DMC}}{HETA} * PDSJC * 7,33$ Onde: TT = Tempo trabalhado após 12 meses PDSJC = Proporção de dispensados sem justa causa (CAGED) HETA = Horas efetivas de trabalho por ano DMC = Duração média do contrato (CAGED)

Depósito por Rescisão Sem Justa Causa	Art. 1º da Lei Complementar 110, de 29/06/2001	$(FGTS * (0,08 + (0,08 * EGB)) * DSJ) * 100$ Onde: FGTS = Taxa do depósito no valor de 50% (40% FGTS e 10% referente à Lei Complementar 110 de 29/06/2001) EGB = Encargos sociais do Grupo B DSJ = Fração de funcionários dispensados sem justa causa (CAGED)	Ressaltando que os depósitos do FGTS também são efetuados sobre o 13º salário, o adicional de 1/3 de férias e o aviso prévio trabalhado. Considera-se a incidência de 8% do FGTS e a multa de 50% $$\frac{((365,25+30+10)*\left(\frac{PDM}{12}\right)*TRAD *8\%*50\%*PDSJ)*7,33}{HETA}$$ Onde: TRAD = Taxa de rotatividade anual descontada (CAGED) PDSJC = Proporção de dispensados sem justa causa (CAGED) HETA = Horas efetivas de trabalho por ano DMC = Duração média do contrato (CAGED) A unidade (365,25 + 30 + 10) é dias

(Continua)

TABELA 6.4. **Encargos sociais do Grupo C, legislação aplicada, método de cálculo** (*Cont.*)

Descrição Grupo C	Legislação aplicada (adaptada de Baeta [2012] e Sicro [2017])	Considerações de cálculo para o Sicro (2017)	Considerações de cálculo para o Sinapi (2018)
Indenização Adicional	Art. 9º da Lei 7.238. Indenização por dispensa antes do dissídio coletivo.	De acordo com a Lei 7238/1984, determina-se a adoção do percentual de um doze avos (8,33%) para os trabalhadores demitidos sem justa causa no período de 30 dias anteriores ao mês-base da correção salarial obtido por meio de convenção coletiva de trabalho firmada entre os sindicatos patronais e de trabalhadores $$\frac{DAO*JDT}{HT1}*\frac{1}{12}*DSJ*100$$ Onde: DAP = Número de dias de aviso prévio = 30 dias JDT = Jornada diária de trabalho = 7,33 horas HT1 = Número de horas trabalhadas no ano = 1.990,00 DSJ = Fração de funcionários dispensados sem justa causa (CAGED)	O Sinapi (2018), por não ter sido encontrada estatística acerca dessa ocorrência, adotou conservadoramente que 1/12 (8,33%) dos trabalhadores demitidos sejam dispensados nestas condições. $$\frac{(8,33\%*30\;dias*TRAD*PDSJC)*7,33}{HETA}$$ Onde: PDSJC = Proporção de dispensados sem justa causa (CAGED) HETA = Horas efetivas de trabalho por ano TRAD = Taxa de rotatividade anual descontada (CAGED)

Fonte: Adaptada de Sicro (2017) e Sinapi (2018).

6.1.4 Grupo D: Horistas

O Grupo D reflete as reincidências de um grupo de encargos sociais sobre outro, sendo representado por duas parcelas:

Para Sicro (2017) e Sinapi (2018):

D1. Reincidência do Grupo A sobre o Grupo B é dado pela Equação 6.2:

$$D1 = EGA*EGB*100 \qquad (6.2)$$

Onde:
EGA = Encargos sociais do Grupo A
EGB = Encargos sociais do Grupo B

D2. Reincidência do Grupo A sobre Aviso Prévio Trabalhado + Reincidência do FGTS sobre Aviso Prévio Indenizado é dado pela Equação 6.3:

$$D2[(API*FGTS)+(APT*EGA)]*100 \qquad (6.3)$$

Onde:
API = Aviso Prévio Indenizado
$FGTS$ no valor de 8%
APT = Aviso Prévio Trabalhado
EGA = Encargos sociais do Grupo A

6.1.5 Grupo A: Mensalistas

O Sinapi (2018) adota no regime mensalista o conceito de meses trabalhados, ou seja, 12 meses do ano, ao invés de horas produtivas como no regime horista.

Tanto para o Sinapi (2018) quanto para o Sicro (2017) os Encargos Sociais que compõem o Grupo A têm origem legal e incidem sobre os salários mensais, sendo os mesmos adotados para a mão de obra horista, isto é, permanecem os mesmos.

Sendo iguais para todas as categorias profissionais, regimes de trabalho e unidades da federação, com exceção do SECONCI.

6.1.6 Grupo B: Mensalistas

Caracteriza as obrigações incidentes sobre o período em que não ocorre a prestação direta de serviço, mas que o profissional faz jus à remuneração. Diferentemente do regime horista os encargos referentes a repouso semanal remunerado, feriados e dias de chuva[5] não há incidência.

Na Tabela 6.5 são apresentadas as parcelas de contribuição, a legislação e o método de cálculo para o Sicro e o Sinapi.

Para o Sinapi (2018) o cálculo do percentual de cada encargo em relação ao salário mensal é considerado o número anual de dias impactados por cada item, obtido no cálculo para a mão de obra horista, dividindo-se por 360 dias (30 dias × 12 meses).

Para o Sicro (2017) a definição dos encargos sociais do Grupo B é obrigatoriamente precedida pelo cálculo da média das horas efetivamente trabalhadas por ano. Os resultados são comuns a todas as categorias profissionais no regime de contratação mensal.

6.1.7 Grupo C: Mensalistas

O Grupo C refere-se os encargos sociais são relativos ao desligamento do profissional. São caracterizados por não sofrerem incidência dos encargos do Grupo A.

Para o Sinapi (2018) considera-se o valor obtido pelo regime horista dividido por 360 dias (30 dias × 12 meses).

Para o Sicro (2017) os cálculos são os mesmos para o regime horista, alterando as informações coletadas nas fontes oficiais para cada categoria profissional e por localidade.

6.1.8 Grupo D: Mensalistas

Os cálculos para os encargos do Grupo D mensalista são os mesmos realizados para o regime horista, a diferença são os valores das reincidências.

6.1.9 Encargos complementares

Conforme a literatura, existem três maneiras distintas de estimar os custos dos encargos complementares:
- Em conjunto com os encargos sociais como percentual.
- Como itens detalhados em planilhas de custos (direto ou indireto).

---

5. Dias de chuva é aplicado apenas para o Sinapi.

- Como custo horário alocado diretamente à mão de obra, como um item da composição unitária.

Para o Sinapi (2018) os encargos complementares são aqueles pagos pelo empregador em função da natureza do trabalho e de acordos e convenções coletivas que regulamentam a atividade profissional das categorias da construção civil e pesada. São os custos como alimentação, transporte, equipamentos de proteção coletiva, ferramentas, exames médicos obrigatórios e seguro de vida. Os valores não variam proporcionalmente aos salários da mão de obra.

O Sinapi (2018) considera o cálculo do custo horário de cada item, com base em dados de preço, associando diretamente ao custo da mão de obra, isto é, são calculados considerando incidência proporcional a uma hora de trabalho da categoria profissional. Em cada composição é acrescido o custo horário de cada encargo complementar. A composição é formada pelo insumo da categoria profissional, com preço resultante da remuneração mais custos dos Encargos Sociais e pelos itens que representam os Encargos Complementares

A síntese da metodologia de cálculo é apresentada a título de exemplo no documento Sinapi Metodologias e Conceitos (2018) disponível em www.caixa.gov.br/poder-publico/apoio-poder-publico/sinapi/Paginas/default.aspx.

Como visualização de exemplo apresentamos a Figura 6.1.

As composições de mão de obra com Encargos Complementares variam em função das categorias profissionais, algumas categorias profissionais são diferenciadas, tendo um ou mais itens não incidentes neste custo.

Conforme o Sinapi (2018) as categorias de profissionais técnicos e administrativos tipicamente considerados na equipe de Administração Local da obra, não são utilizadas nas composições de serviço do Sinapi. Os itens componentes dos Encargos Complementares são adaptados conforme as características predominantes de cada categoria sendo para todas, incidentes os custos de Seguro, Exames, Curso de Capacitação e 10% do custo de EPI (capacete e bota).

Para o Sicro (2017) custos associados à mão de obra como alimentação, transporte, equipamentos de proteção individual,

TABELA 6.5. Encargos sociais do Grupo B, legislação aplicada, método de cálculo

Descrição Grupo B	Legislação aplicada (adaptada de Baeta [2012] e Sicro [2017])	Considerações de cálculo para o Sicro (2017)
Férias (30 dias)	Decreto-Lei 1.535/77.	Se PRE$\geq 12 \dfrac{1+\frac{1}{3}}{12} * \dfrac{HT}{HT1}$ ou Se PRE < 12 = 0 Onde: PRE = Rotatividade da categoria profissional HT1 = Número de horas trabalhadas no ano HT = Número de horas trabalháveis no ano
Auxílio-enfermidade (15 primeiros dias)	Decreto 3.048, de 06/05/1999.	1º Passo: Determinação do Percentual Obtido (PO) $PO = \dfrac{NAD}{NCE} * 100$ Onde: NAD = Número de auxílios-doença concedidos (dados originários do Anuário Estatístico da Previdência Social - AEPS do Ministério da Previdência Social) NCE = Número de contribuintes empregados (dados originários do Anuário Estatístico da Previdência Social - AEPS do Ministério da Previdência Social) 2º Passo: Determinação do número de dias de auxílio-enfermidade (DAE) $DAE = PO \times 15$ 15 = Número de auxílios-doença pagos pelo empregador 3º Passo: Determinação do Auxílio-enfermidade $\dfrac{((DAE+2)* JDT)}{HT1} * 100$ JDT = Jornada diária de trabalho = 44 horas / 6 dias = 7,33 horas

Auxílio de Acidente de Trabalho (15 primeiros dias)	Lei 9.528, de 10/12/1997.	O empregador paga os custos dos primeiros 15 dias em caso de acidentes de trabalho. $$\frac{((DAA+15)*JDT)}{HT1}*100$$ Onde: BAA = Percentual de beneficiados com o auxílio (Anuário Estatístico da Previdência Social) JDT = Jornada diária de trabalho = 44 horas/6 dias HT1 = Número de horas trabalhadas no ano
Licença--paternidade (5 dias consecutivos)	Art. 7º, inciso XIX da Constituição Federal de 1988	1º Passo: Determinação da Taxa de Fecundidade $$PTF = \frac{TFE}{(49-15)}*100$$ Onde: PTF = Percentual da taxa de fecundidade TFE = Taxa de fecundidade (parâmetros obtidos no CAGED e no IBGE para cada localidade) 2º Passo: Determinação do Número de Dias de Licença $NDL = (DLP * PTF * PNH * PNHF)$ Onde: NDL = Número de dias de licença DLP = Número de dias de Licença-paternidade concedidos por lei = 5 PTF = Percentual da taxa de fecundidade na construção civil (parâmetros obtidos no CAGED e no IBGE) PNH = Percentual de homens na função (parâmetros obtidos no CAGED e no IBGE)

(Continua)

TABELA 6.5. Encargos sociais do Grupo B, legislação aplicada, método de cálculo (*Cont.*)

Descrição Grupo B	Legislação aplicada (adaptada de Baeta [2012] e Sicro [2017])	Considerações de cálculo para o Sicro (2017)
		PNHF = Proporção de homens na função em idade fértil (parâmetros obtidos no CAGED e no IBGE) 3º Passo: Determinação da Licença-paternidade $$= \frac{NDL * JDT}{HT2} * 100$$ Onde: NDL = Número de dias de licença JDT = Jornada diária de trabalho = 44 horas/6 dias = 7,33 horas HT2 = Número de horas trabalhadas no ano sem considerar licença-paternidade
Faltas Justificadas	Art. 473 e 822 da CLT, alterado pelo Decreto-Lei 229, de 28/02/67: • 2 dias consecutivos por morte de ascendente, descendente ou cônjuge • 3 dias consecutivos em caso de casamento • 2 dias a cada 12 meses para doação voluntária de sangue • 2 dias para alistamento eleitoral • período em que estiver cumprindo às exigências do serviço militar Lei 1.060 de 05/03/1950 • 1 dia por ano para internação de dependente • dias em que estiver a serviço da justiça como testemunha Por determinação de lei específica: • dias de greves devidamente reconhecidos por determinação judicial • dias reconhecidamente de calamidade pública	$$\frac{DAJ * JDT}{HT1}$$ Onde: DAJ = Número de dias de ausência justificada JDT = Jornada diária de trabalho = 44 horas/6 dias HT1 = Número de horas trabalhadas no ano

13° Salário	Lei 4090/62	$\frac{1}{12} * \frac{HT}{HT1} * 100$ Onde: HT1 = Número de horas trabalhadas no ano HT = Número de horas trabalháveis no ano
Férias Sobre a Licença Maternidade	Ao empregador cabe arcar com os custos referentes às férias e ao adicional de férias no período do afastamento de 120 dias, o salário é pago pela Previdência Social.	$(PTF * PNM * PNMF) * \frac{DLM}{365,25} * \frac{30+10}{HT3} * JDT$ Onde: PTF = Taxa de fecundidade na construção civil PNM = Fração de mulheres na função PNMF = Proporção de mulheres em idade fértil (15 – 49 anos) DLM = Dias de licença-maternidade concedidos = 120 dias HT3 = Número de horas trabalhadas no ano sem considerar licença-maternidade JDT = Jornada diária de trabalho = 44 horas/6 dias

Fonte: Adaptada de Sicro (2017) e Sinapi (2018).

COMPOSIÇÃO 88316 – SERVENTE COM ENCARGOS COMPLEMENTARES (Data Base 11/2016 – SP) – H					
Código	Descrição Básica	Unidade	Coeficiente	Custo Unitário	Total
88236	FERRAMENTAS (ENCARGOS COMPLEMENTARES) – HORISTA	H	1,0000	0,55	0,55
88237	EPI (ENCARGOS COMPLEMENTARES) – HORISTA	H	1,0000	1,03	1,03
6111	SERVENTE	H	1,0000	13,88	13,88
37370	ALIMENTAÇÃO – HORISTA (ENCARGOS COMPLEMENTARES) "COLETADO CAIXA"	H	1,0000	1,88	1,88
37371	TRANSPORTE – HORISTA (ENCARGOS COMPLEMENTARES) "COLETADO CAIXA"	H	1,0000	0,55	0,55
37372	EXAMES – HORISTA (ENCARGOS COMPLEMENTARES) "COLETADO CAIXA"	H	1,0000	0,34	0,34
37373	SEGURO – HORISTA (ENCARGOS COMPLEMENTARES) "COLETADO CAIXA"	H	1,0000	0,07	0,07
95378	CURSOS DE CAPACITAÇÃO (SERVENTE) – HORISTA	H	1,0000	0,23	0,23
TOTAL					18,55

FIGURA 6.1. Composição de Encargos Complementares – Mão de Obra – Servente.
Fonte: Sinapi (2018). Notas: Os itens Alimentação, Transporte, Exames e Seguros participam da composição como insumos. Os itens EPI e Ferramentas participam como composições auxiliares, formadas por insumos do Sinapi, cujos preços são atualizados a partir de coleta realizada pelo IBGE. O item Curso de Capacitação é uma composição formada por um percentual incidente na hora de cada categoria profissional (horista e mensalistas) para representar o tempo da jornada de trabalho gasto em capacitação.

ferramentas manuais, exames médicos obrigatórios admissionais, periódicos e demissionais, cuja obrigação de pagamento decorre das convenções coletivas de trabalho e de normas que regulamentam a prática profissional na construção civil.

O Sicro (2017) considera encargos adicionais os seguintes benefícios para composição do custo horário da mão de obra, nas unidades da federação cujas convenções coletivas de trabalho as obriguem:
• Cesta básica
• Seguro de vida
• Auxílio funeral
• Assistência médica e odontológica

O Sicro (2017) considera os seguintes custos como trabalho em condições especiais, que devem ser incluídos nos custos da obra no momento da elaboração do orçamento em função das características do local e dos serviços, observadas as legislações pertinentes e as determinações específicas preconizadas nas convenções coletivas de trabalho:
• Trabalho extraordinário
• Trabalho noturno

Código SICRO	Categoria Profissional	Unid.	Salário (R$)	Particularidade Insalubridade (%)	Particularidade Insalubridade (%)	Encargos Sociais (%)	Encargos Sociais (%)	Alimentação %	Alimentação R$	EPI %	EPI R$	Ferramenta %	Ferramenta R$	Transporte %	Transporte R$	Exames Ocupacionais %	Exames Ocupacionais R$	Cesta Básica %	Cesta Básica R$	Assistência Médica %	Assistência Médica R$	Seguro de Vida %	Seguro de Vida R$	Encargos Totais %	Encargos Totais R$	Valor Totais R$
9801	Ajudante	h	5,07	–	–	103,47	5,24	28,02	1,42	4,93	0,25	0,79	0,04	7,70	0,39	0,79	0,04	–	–	–	–	–	–	145,70	7,38	12,45
9802	Ajudante especializado	h	6,08	–	–	103,47	6,29	23,35	1,42	4,11	0,25	5,43	0,33	6,41	0,39	0,66	0,04	–	–	–	–	–	–	143,44	8,72	14,80
9804	Apontador	mês	1.669,30	–	–	84,37	1.408,32	15,49	258,59	2,76	46,02	–	–	4,30	71,85	0,39	6,47	–	–	–	–	–	–	107,31	1.791,25	3.460,55
9805	Amador	h	7,08	–	–	107,50	7,61	20,05	1,42	3,95	0,28	0,42	0,03	5,51	0,39	0,56	0,04	–	–	–	–	–	–	138,00	9,77	16,85
9806	Auxiliar administrativo	mês	1.489,93	–	–	85,27	1.270,44	17,36	258,59	2,89	43,04	–	–	4,82	71,77	0,42	6,29	–	–	–	–	–	–	110,75	1.650,13	3.140,06
9892	Auxiliar de blaster	h	5,07	30,00	1,52	103,47	6,682	28,02	1,42	–	–	1,78	0,09	7,70	0,39	0,79	0,04	–	–	–	–	–	–	172,80	8,76	15,34
9633	Auxiliar de laboratório	mês	1.079,29	–	–	74,56	804,73	23,96	258,59	–	–	–	–	6,66	71,85	0,70	7,51	–	–	–	–	–	–	105,88	1.142,72	2.222,01
9950	Auxiliar de topografia	mês	1.079,29	–	–	74,56	804,73	23,96	258,59	4,23	45,64	0,51	5,48	6,66	71,85	0,70	7,51	–	–	–	–	–	–	110,61	1.193,80	2.273,09
9903	Auxiliar técnico	mês	2.005,31	–	–	86,98	1.744,26	12,90	258,59	–	–	–	–	3,58	71,85	–	0,02	–	–	–	–	–	–	103,45	2.074,72	4.080,03
9852	Blaster	h	5,58	30,00	1,67	110,00	7,98	25,45	1,42	50,2	0,28	1,61	0,09	6,99	0,39	0,54	0,03	–	–	–	–	–	–	182,62	10,19	17,44
9807	Bombeiro hidráulico	h	7,68	–	–	118,68	9,12	18,48	1,42	3,64	0,28	4,29	0,33	5,08	0,39	0,26	0,02	–	–	–	–	–	–	150,44	11,56	19,24
9929	Bombeiro hidráulico com periculosidade	h	7,68	30,00	2,31	118,68	11,96	18,48	1,42	3,64	0,28	4,29	0,33	5,08	0,39	0,26	0,02	–	–	–	–	–	–	186,04	14,30	24,29

FIGURA 6.2. Consolidação dos custos de mão de obra – Distrito Federal.
Fonte: Sicro (2017).

- Trabalho insalubre
- Trabalho perigoso

A metodologia e as considerações de cálculo dos encargos complementares, adicionais e trabalho em condições especiais são abordadas no Volume 4 – Mão de Obra – Manual de Custos de Infraestrutura de Transportes, disponível em http://www.dnit.gov.br/custos-e-pagamentos/sicro/manuais-de-custos-de-infraestrutura-de-transportes/manuais-de-custos-de-infraestrutura-de-transportes.

Na Figura 6.2 é apresentada a consolidação dos custos de mão de obra para o Distrito Federal, disponível no Tomo 04, do Volume 4.

Referências

Brasil (2017) Departamento Nacional de Infraestrutura de Transportes. Diretoria Executiva. Coordenação-Geral de Custos de Infraestrutura de Transportes. Manual de custos de infraestrutura de transportes. Volume 4, Mão de obra; Tomo 2, Encargos sociais. Brasília.

CEF, Sinapi (2018) Metodologias e conceitos: Sistemas Nacional de Pesquisas de Custos e Índices da Construção Civil. Brasília.

Capítulo 7
Custo horário de equipamentos

Assim como os materiais e a mão de obra deverão constar da orçamentação dos custos de um empreendimento, os equipamentos utilizados na sua execução também têm de ser levados em conta, já que haverá um custo no seu uso. Mesmo que ele permaneça parado, ainda assim, incorrem custos sobre ele, como o da sua depreciação, por exemplo. Caso o orçamentista não leve estes custos em conta no momento da orçamentação, a empresa não terá como repor o capital investido nesses equipamentos.

Ao se tratar do custo horário de um equipamento há que se pensar em que condições que se dará o uso desse equipamento: se será num ambiente urbano ou rural, o quão acidentado é o terreno, qual é o tipo de solo a ser movimentado (no caso de ser utilizado em serviços de terraplenagem), se as condições de acesso são difíceis ou não, se o equipamento será revendido ao final de sua vida útil, quantas horas este trabalhará por dia, se serão considerados dias de chuva, dentre outras condições. Portanto, nos manuais orçamentários são adotadas algumas características relativas ao ambiente em que a obra se dará para poder elaborar as composições de custo horário dos equipamentos.

Na metodologia do Sinapi (CEF, 2017), utilizada para ilustrar o presente capítulo, foram adotadas as seguintes características: os serviços serão executados em áreas urbanas (sujeito ao tráfego de veículos e pessoas, interferência de instalações – de esgoto, água, gás – próximas à residências); serão tratados casos em que o equipamento é adquirido pela empresa construtora (e não locado); não serão consideradas paralisações por chuva, greves, falta de materiais ou frentes de serviço; no caso de equipamentos sujeitos à variação de condição de trabalho, considerou-se a condição média de operação.

Para tornar mais didático o entendimento do custo horário dos equipamentos, será considerado o caso de um equipamento específico executando um serviço: a betoneira (de 400 litros) usada na produção de argamassa para contrapiso. O custo horário desse equipamento (que poderia ser aplicado a outros casos) será estabelecido por meio das seguintes variáveis, de acordo com CEF (2017):

a) Custo de aquisição do equipamento
b) Vida útil, em anos (tempo de amortização)
c) Seguros e impostos
d) Horas Trabalhadas por Ano (HTA)
e) Depreciação
f) Juros
g) Custo de manutenção
h) Custos de materiais na operação
i) Custo de mão de obra na operação

Esses fatores são considerados na obtenção do custo horário das composições auxiliares, nas composições de horas produtivas e improdutivas dos equipamentos.

7.1 Custo de aquisição do equipamento

O custo de aquisição dos equipamentos poderá ser levantado através de cotação dos equipamentos no mercado, podendo-se levar em conta o preço do equipamento já negociado.

Quando se tratar de uma obra pública, o custo de aquisição deverá atender ao que está publicado no Sinapi, lá o custo de aquisição é obtido a partir do preço mediano do insumo publicado em www.caixa.gov.br/sinapi, não considerando efeitos de cotação, escala ou descontos, que podem ser obtidos durante o processo de negociação e compras (CEF, 2017).

> No exemplo da betoneira, seu custo de aquisição no Sinapi é de R$2.817,50 cotada em fevereiro 2018, com a seguinte especificação: "betoneira com capacidade nominal 400 L, capacidade de mistura 280 L, motor elétrico com potência 2 CV, sem carregador".

7.2 Vida útil dos equipamentos

De acordo com o manual orçamentário TCPO (2014) a vida útil é o período de tempo que vai desde a aquisição do equipamento até o momento em que se considera que o mesmo não deva mais ser usado para a atividade para a qual foi adquirido, não valendo mais a pena fazer intervenções de manutenção.

Já no manual do Sinapi (CEF, 2017) a vida útil tem uma definição mais específica, sendo definida como número de anos compreendido entre o início da operação até o momento em que os custos de reparo para manter o equipamento em condições de funcionamento se tornam superiores ao valor residual desse mesmo equipamento.

Esta definição foi elaborada para fins econômicos, para poder distribuir o seu custo ao longo de alguns anos, o que, de acordo com Ricardo e Catalani (2007) não quer dizer que após estes anos a máquina ou equipamento será obrigatoriamente descartado. De acordo com esses autores, existe, além da vida útil econômica, a vida útil técnica, a qual considera que o equipamento poderá ter a sua vida prolongada, sob o aspecto mecânico, através de reparações pontuais e reformas totais, podendo ampliar a vida útil econômica em muitos anos; tais autores citam os equipamentos de terraplanagem que podem atingir até 30 anos de trabalho (a vida útil econômica destes chega a 6 anos nos manuais orçamentários).

Para efeitos de orçamento sugerimos adotar a vida útil como sendo a "vida útil econômica", que está presente no Manual de Custos Rodoviários do Departamento Nacional de Infraestrutura de Transporte – DNIT.

> No exemplo da betoneira será adotada uma vida útil de 5 anos.

7.3 Seguros e impostos

Assim como os automóveis, os equipamentos de transporte usados na construção também estão sujeitos ao pagamento de seguros e impostos; e este custo deverá constar do custo horário do equipamento. Para efeito desse cálculo, sugere-se considerar no custo horário dos equipamentos os impostos anuais sobre os veículos, o Imposto de Propriedade de Veículos Automotores (IPVA) e o Seguro Obrigatório, conforme indicado na metodologia Sinapi (CEF, 2017), de acordo com o que está na Equação 7.1:

$$IS = \frac{(n+1) \times V_a \times 0{,}0124}{2n \times HTA \times 1{,}25} \qquad (7.1)$$

Onde:
IS = Custo horário relativo a imposto e seguro (somente para veículos)
Va = Valor de aquisição do equipamento
HTA = Quantidade de horas de trabalho por ano
n = Vida útil
0,0124 = Taxa média adotada[1]
1,25 = Fator utilizado para considerar as horas disponíveis.

Já os seguros para sinistros/avarias e o custo de pedágios são muito específicos de cada obra e não têm como serem considerados na composição de custos, mas poderão ser levados em conta na montagem do orçamento e após a análise da condição em que se dará a obra.

No caso do exemplo da betoneira, não teremos a incidência do item "seguros e impostos".

7.4 Horas Trabalhadas por Ano (HTA)

Sugere-se que o número de Horas Trabalhadas por Ano (HTA) esteja de acordo com os valores sugeridos pelos fabricantes dos

---

1. A taxa média adotada foi obtida a partir da média ponderada, pela população de cada estado, das alíquotas do IPVA de todas as unidades da federação, somada à parcela de Seguro Obrigatório. A média das alíquotas de IPVA corresponde ao valor de 1,17% (poderia ser adotada o valor específico de cada estado). Quanto à parcela do Seguro Obrigatório para caminhões, adotou-se ser 0,07% do valor do caminhão (com base em cálculos a partir da base de preços de caminhões do Sinapi, levantados mensalmente pelo IBGE). Somando-se a taxa do IPVA obtida (1,17%) com o Seguro Obrigatório (0,07%), obtém-se a taxa média adotada nas composições de custo dos veículos que consideram essa parcela, cujo valor agora demonstrado corresponde a 1,24%. (CEF, 2017).

equipamentos e utilizados pelo DNIT, contudo, para as parcelas do custo decorrentes da depreciação e juros seguiremos, neste livro, as indicações de CEF (2017), em virtude dos orçamentos de edificações se darem para obras em ambientes urbanos (com maior improdutividade) e não rodoviários; desta forma, também aqui serão consideradas as Horas Disponíveis por Ano, e não Horas Trabalhadas por Ano.

As Horas Disponíveis por Ano (HDA) são determinadas com base nas Horas Trabalhadas por Ano (HTA), apresentadas na Tabela 7.1, como também no fator de disponibilidade do equipamento observado em campo, o qual relaciona as horas produtivas (80% do tempo disponível) com as improdutivas (20% do tempo disponível), totalizando um tempo disponível ampliado em 25% sobre as HTA. Com isso, para se determinar o valor para esta nova base temporal HDA (utilizada nas composições horárias do Sinapi) para as parcelas de depreciação e juros, basta multiplicar os respectivos valores de HTA pelo fator 1,25.

Para efeito do cálculo das parcelas que compõem o custo horário da betoneira do nosso exemplo, serão adotados os mesmos valores de vida útil, HTA, valor residual e coeficiente de manutenção de uma betoneira similar, destacada na Tabela 7.1, que contém dados[2] extraídos de CEF (2017).

7.5 Depreciação

Alguns autores apresentam sua definição de depreciação como sendo as despesas decorrentes do simples ato de possuir uma máquina, ainda que ela não seja utilizada (RICARDO & CATALANI, 2007). Outros como sendo a perda de valor de um bem em função do desgaste pelo uso, pela ação do tempo e pela obsolescência (OLIVEIRA & PEREZ JR., 2006)

De fato, a depreciação, que é o valor correspondente à perda do valor venal do equipamento ao longo do tempo, pode ser considerada um gasto que tem parte de sua natureza fixa e parte

---

2. O dado referente ao combustível (gasolina) será alterado para o consumo de energia elétrica.

TABELA 7.1. Especificações dos equipamentos e caracterização dos fatores envolvidos no CHE

Equipamento	Vida Útil (anos)	HTA (h/ano)	Valor Residual (%)	Coef. de Manutenção (K)	Tipo de Combustível
Bate-estaca de gravidade para 3,5 a 4,0 t – 119 kW	7	2000	20,00%	0,6	Diesel
Bate-estaca hidráulico para defensas montado em caminhão guindauto com capacidade 6 t – 136 kW	6	2000	40,00%	0,9	Diesel
Betoneira com motor a gasolina e capacidade de 600 l – 10 kW	5	2000	20,00%	0,6	Gasolina
Bomba centrífuga com capacidade de 8,6 a 22 m³/h –1,5 kW	5	2000	20,00%	0,7	Elétrico
Bomba de concreto rebocável com capacidade de 30 m³/h – 74 kW	5	2000	20,00%	0,8	Diesel
Bomba de injeção de argamassa com capacidade de 340 l/min	5	2000	20,00%	0,7	Elétrico
Bomba de pistão triplex com capacidade de 130 l/min – 8,2 kW	5	2000	20,00%	0,7	Diesel
Bomba de protensão com leitura digital para tensionamento de estais – 3 kW	7	2000	20,00%	0,8	Elétrico
Bomba para concreto com lança sobre chassi e capacidade de 71 m³/h	7	2000	40,00%	0,9	Diesel

Fonte: Adaptado de CEF (2017).** Para outros equipamentos, consultar CEF (2017).

variável, uma vez que a perda de valor pelo desgaste do uso é variável e a ocasionada pela ação da natureza ou pela obsolescência, é fixa.

O conceito de depreciação, todavia, está intimamente ligado ao conceito de vida útil (item 7.3), já que ela pode ser encarada como uma remuneração para que o equipamento possa ser substituído no futuro.

Na Figura 7.1 tem-se uma representação genérica para a relação do custo horário do equipamento versus suas horas de operação. Pode-se observar que, à medida que o tempo vai passando, o custo de manutenção vai se elevando e o custo devido à depreciação vai se reduzindo. O somatório desses resulta no custo horário total que, a partir de um certo ponto (custo mínimo), vai sendo aumentado; ou seja, as manutenções se tornam "caras" após um certo número de horas de vida do equipamento. Este é o ponto no tempo em que a vida útil do equipamento é definida.

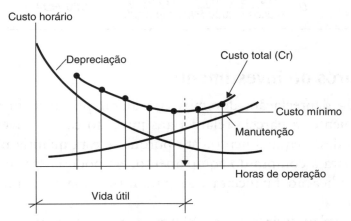

FIGURA 7.1. Custo horário dos equipamentos em função das horas de operação.
Fonte: Adaptado de Ricardo e Catalani (2007).

Para o cálculo desta parcela de custo, o Sinapi adota o método de depreciação linear, ou seja, considera que a perda de valor do equipamento é proporcional ao tempo decorrido, a qual é representada por meio da Equação 7.2. Observa-se ainda, que o valor de depreciação utilizado considera a "disponibilidade" do equipamento, por isso, o prazo de depreciação apropria as Horas Disponíveis do Equipamento (Fator 1,25) no denominador da equação:

$$D = \frac{V_a - R}{n \times HTA \times 1,25} \quad (7.2)$$

Onde:
D = Depreciação por disponibilidade horária
V_a = Valor de aquisição
R = Valor residual, conforme dados do DNIT
n = Vida útil, conforme Tabela 7.1
HTA = Horas trabalhadas por ano, conforme Tabela 7.1
1,25 = Fator utilizado para considerar as horas disponíveis

Levando-se em conta o exemplo da betoneira e supondo que ao final de um ano ela terá valor residual de 10% (de acordo com indicações do DNIT) tem-se que o valor da depreciação por disponibilidade horária será:

$$D = \frac{R\$\ 2.817,50\ R\$ - R\$\ 281,75}{5\ anos \times 2000\ HTA/ano \times 1,25} = R\$\ 0,20/HDA$$

7.6 Juros do investimento

Além da depreciação, devemos considerar no custo horário do equipamento, a parcela relativa aos juros do capital investido na compra desse equipamento, isto porque se esta quantia não fosse usada para a compra do equipamento, ela poderia ser empregada numa aplicação financeira que garantiria uma taxa mínima de retorno.

Esta taxa poderia estar no BDI ou constar do custo horário do equipamento. Considerando-se que ela seja considerada dentro do custo horário do equipamento, o Sinapi, por exemplo, adota uma taxa de juros[3] anual real de 6% ao ano (rendimento das aplicações de caderneta de poupança sem considerar a taxa de inflação), a

---

3. Neste caso, o Sinapi também leva em conta a "disponibilidade" do equipamento, por isso, o cálculo utilizado emprega o fator 1,25 para transformar as Horas Trabalhadas por Ano (HTA) em Horas Disponíveis por Ano (HDA).

qual é aplicada sobre o valor médio do investimento, através das Equações 7.3 e 7.4 (CEF, 2017):

$$J = \frac{V_m \times i}{HTA \times 1,25} \qquad (7.3)$$

$$V_m = \frac{(n+1) \times V_a}{2 \times n} \qquad (7.4)$$

Onde:
J = Custo horário dos juros pela disponibilidade
V_a = Valor de aquisição do equipamento, insumo Sinapi
i = Taxa de juros anuais (6% a.a.)
HTA = Horas trabalhadas por ano, Tabela 7.1
V_m = Valor médio do equipamento
n = Vida útil em anos, Tabela 7.1
1,25 = Fator utilizado para considerar as horas disponíveis

> Levando-se em conta o exemplo da betoneira, tem-se que seu valor médio é:
>
> $$V_m = \frac{(5+1) \times R\$\ 2.817,50}{2 \times 5\ anos} = R\$\ 1.690,50$$
>
> E o juro devido a esse investimento é:
>
> $$J = \frac{R\$\ 1.690,50 \times 0,06}{2000\ HTA \times 1,25} = R\$\ 0,035/HDA$$

7.7 Custo de manutenção

Denomina-se manutenção o conjunto de despesas com materiais e mão de obra necessários para que um equipamento esteja em condições de uso (CEF, 107). Entram neste custo os gastos com a compra de peças e acessórios, atividades de limpeza, inspeção, regulagem, gastos de oficina e demais partes do equipamento que desgastam durante seu uso.

O gasto com manutenção varia de acordo com o equipamento e a indicação do fabricante, contudo, no presente livro, adota-se um método simplificado de cálculo, que vincula o custo de manutenção com o preço de aquisição do equipamento, conforme apresentado na Equação 7.5, seguindo a lógica de cálculo proposta no Sinapi (CEF, 2017):

$$M = \frac{V_a \times K}{HTA \times n} \qquad (7.5)$$

Onde:
M = Custo horário de manutenção
V_a = Valor de aquisição do equipamento
HTA = Horas trabalhadas por ano, Tabela 7.1
n = Vida útil em anos, Tabela 7.1
K = Coeficiente de manutenção, conforme Tabela 7.1

Levando-se em conta o exemplo da betoneira, tem-se que seu Custo Horário de Manutenção é:

$$M = \frac{R\$\ 2.817,50 \times 0,06}{2000\ h \times 5\ anos} = R\$\ 0,17/h$$

7.8 Custos de operação (materiais e mão de obra)

Nestes custos estão contemplados os insumos necessários para que o equipamento possa funcionar, por exemplo: combustíveis, energia elétrica, óleo lubrificante, filtros, graxas e a mão de obra de operação. De acordo com Baeta (2012), os consumos horários de combustível são muito variáveis, não somente devido às distintas potências dos equipamentos, mas também pelas condições em que o serviço é executado; o serviço poderá exigir maior tempo de aceleração próxima do máximo, ou, ao invés disso, perto do mínimo devido à necessidade de manobras constantes, inversão de marcha etc.

No caso dos lubrificantes, Baeta (2012) diz que são calculados em função da potência do motor, da capacidade do cárter e do intervalo de trocas de cada equipamento. Contudo, muitos autores propõem simplificações na adoção destes custos, tratando consumo de combustíveis, lubrificantes, filtros e graxas conjuntamente através da adição de um percentual de custo sobre o valor do combustível (o Sinapi adota para os motores a diesel acréscimo de 20% e para os motores a gasolina o acréscimo é de 10%). Neste livro será adotada esta postura simplificada, bem como, os valores médios propostos pelos fabricantes, conforme indicação do DNIT (SICRO), os quais se encontram na Tabela 7.2.

TABELA 7.2. Coeficiente de consumo de combustíveis, lubrificantes, filtros e graxas

Equipamento	Consumo (L/KW/H)
Veículos a gasolina	0,20
Demais equipamentos a gasolina	0,30
Veículos a álcool	0,20
Equipamentos elétricos	0,85 kwh/kW

Fonte: CEF (2017).

> Levando-se em conta o exemplo da "betoneira com capacidade nominal 400 L, capacidade de mistura 280 L, motor elétrico com potência 2 CV, sem carregador" e utilizando-se a conversão: 1kW = 1,3587 CV (a betoneira consome 2,7174 kW), o custo relativo aos insumos usados na sua operação (combustíveis, lubrificantes, filtros e graxas) será:
>
> $C_{mat} = 2,7174 \text{ kW} \times 0,85 \text{ kWh/kW} \times R\$0,52/\text{KWh} = R\$1,20$

Já o custo da mão de obra dos operadores e motoristas, seu salário e encargos, poderão ser obtidos nas convenções coletivas de trabalho. Quando se tratar de obras públicas, o preço do insumo de mão de obra a ser adotado é o publicado no Sinapi.

Quando o operador não tiver dedicação exclusiva ao equipamento, ele não deverá constar do custo horário do equipamento, que é o caso da betoneira. O seu custo poderia estar alocado na composição da produção de insumos (central com betoneira que atende a vários serviços: alvenaria, revestimentos de argamassa, contrapiso etc.).

Ao contrário dos custos dos demais insumos de operação, o custo da mão de obra deve ser levado em conta mesmo quando a máquina está parada ou à disposição da obra.

7.9 Custo horário produtivo

O Custo Horário Produtivo (CHP) é o custo relativo à sua operação efetiva, contendo as parcelas[4] de: depreciação, juros, manutenção e mão de obra, conforme pode ser visto na Equação 7.6:

$$CHP = D + J + M + Cmat + Cmo \qquad (7.6)$$

Onde:
CHP = Custo horário produtivo
D = Depreciação
J = Juros
M = Manutenção
C_{mat} = Custos com materiais na operação
C_{mo} = Custos com mão de obra na operação

> Levando-se em conta o exemplo da betoneira, tem-se que seu Custo Horário Produtivo é:
>
> $CHP_{betoneira} = 0,20 + 0,058 + 0,17 + 1,20 = R\$ 1,628 / h$
>
> (O custo da mão de obra de operação não foi considerado, pois este custo consta da composição do serviço)

7.10 Custo horário improdutivo

Há casos, porém, em que o equipamento fica à disposição do serviço sem ser operado (com o motor desligado), este custo em que o equipamento fica "parado" também tem de ser considerado no custo horário do equipamento; a este custo dá-se o nome de Custo Horário Improdutivo (CHI). Constam do CHI a depreciação e juros e mão de obra do operador, conforme a Equação 7.7:

$$CHI = D + J + Cmo \qquad (7.7)$$

Onde:
CHI = Custo horário improdutivo
D = Depreciação
J = Juros
$CMOB$ = Custos com mão de obra na operação

---

4. No caso de veículos, o Sinapi acrescenta o custo de Seguros e Impostos (SI).

Da mesma forma que no CHP, o custo da mão de obra do operador não é necessário na equação do CHI quando o equipamento é de pequeno porte ou não exige a presença de um operador.[5]

> Levando-se em conta o exemplo da betoneira, tem-se que seu Custo Horário Improdutivo é:
>
> $$CHI_{betoneira} = 0,20 + 0,035 = 0,235 R\$/h$$
>
> (O custo da mão de obra de operação não foi considerado, pois este custo consta da composição do serviço)

7.11 Como o custo horário entra no custo da composição do serviço?

Após calculado o custo horário produtivo e improdutivo dos equipamentos é o momento de inseri-los dentro das composições de custo. A organização dessas informações de custo está ilustrada no fluxograma da Figura 7.2.

Para formação do custo horário dos equipamentos, parte-se dos componentes de custo: de material e de mão de obra, de manutenção, de depreciação, dos juros do capital investido, os quais são calculados separadamente e são chamados "insumos" do CHE na Figura 7.2. Depois é elaborada a composição de custo horário produtivo e improdutivo, atribuindo-se coeficiente de consumo igual a um para cada um[6] dos componentes. Caso o serviço que está sendo orçado dependa da produção de insumos em obra, como no caso da preparação das argamassas, dever-se-á elaborar uma composição para a produção de insumos, chamada "composição auxiliar", a qual, finalmente será introduzida na composição de custo do serviço, chamada composição principal. Na composição auxiliar é que aparece o indicador de consumo do equipamento, tanto horas trabalhadas (CHP) quanto paradas (CHI), para a preparação de uma unidade do insumo.

---

5. No caso de veículos, o Sinapi acrescenta o custo de Seguros e Impostos (SI).
6. Isto porque a produtividade do equipamento está na composição seguinte, na composição auxiliar.

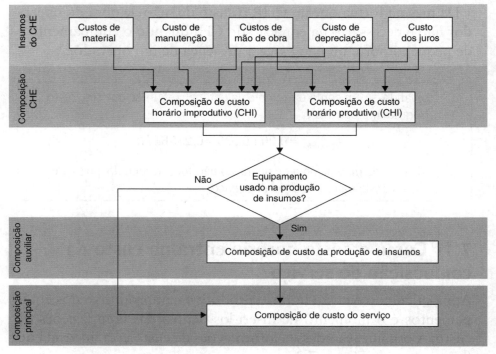

FIGURA 7.2. Organização das informações de custo horário de equipamentos nas composições de custo.
Fonte: Acervo das autoras (2018).

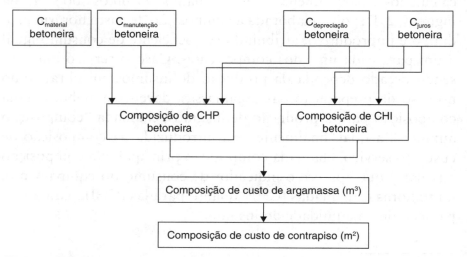

FIGURA 7.3. Exemplo de dependência entre composições de CHE: o caso da execução de contrapiso com argamassa produzida em obra.

Para ilustrar esta organização de dados de custo, tomaremos como exemplo o caso da execução de contrapiso com argamassa produzida em obra.

Colocando-se nas composições os coeficientes de consumo e preços dos insumos, teremos as composições apresentadas nas Tabelas 7.3 a 7.6

No caso da composição da Tabela 7.3, referente à depreciação da betoneira, era necessário atrelar o valor obtido no cálculo da sua depreciação (R$ 0,20, conforme o item 7.5) com o preço do "insumo" betoneira, que era de R$2.817,50 e para tanto um coeficiente do "consumo" da betoneira de 0,000071 por hora. Esta mesma forma de cálculo[7] usada para depreciação é aplicada aos demais insumos do CHE a fim de possibilitar que a lógica

TABELA 7.3. **Composição de depreciação da betoneira**

DEPRECIAÇÃO da betoneira capacidade nominal de 400 l, capacidade de mistura 280 l, motor elétrico trifásico, potência de 2 cv, sem carregador/ Unidade: h				
Insumo	Un	Coeficiente	Preço	Valor total
Betoneira capacidade nominal 400 l, capacidade de mistura 280 l, motor elétrico trifásico 220/380 v, potência 2 cv, sem carregador	Un	0,000071	2.817,50	0,20

TABELA 7.4. **Composição de juros da betoneira**

JUROS da betoneira capacidade nominal de 400 l, capacidade de mistura 280 l, motor elétrico trifásico, potência de 2 CV, sem carregador/ Unidade: h				
Insumo	Un	Coeficiente	Preço	Valor total
Betoneira capacidade nominal 400 l, capacidade de mistura 280 l, motor elétrico trifásico 220/380 v, potência 2 cv, sem carregador	Un	0,0000206	2.817,50	0,035

---

7. As composições usadas como exemplo têm por base o banco de composições do Sinapi, embora tenham sido adaptadas para tornar mais didática a explicação.

TABELA 7.5. **Composição de manutenção da betoneira**

MANUTENÇÃO da betoneira capacidade nominal de 400 l, capacidade de mistura 280 l, motor elétrico trifásico, potência de 2 cv, sem carregador/ Unidade: h				
Insumo	Un	Coeficiente	Preço	Valor total
Betoneira capacidade nominal 400 l, capacidade de mistura 280 l, motor elétrico trifásico 220/380 v, potência 2 cv, sem carregador	Un	0,00006	2.817,50	0,17

TABELA 7.6. **Composição de materiais usados na operação da betoneira**

MATERIAIS NA OPERAÇÃO da betoneira capacidade nominal de 400 l, capacidade de mistura 280 l, motor elétrico trifásico, potência de 2 cv, sem carregador/ Unidade: h				
Insumo	Un	Coeficiente	Preço	Valor total
Betoneira capacidade nominal 400 l, capacidade de mistura 280 l, motor elétrico trifásico 220/380 v, potência 2 cv, sem carregador	Un	0,000426	2.817,50	1,20

da "composição dentro de outras composições" seja utilizada em programas computacionais.

Os preços obtidos nas composições das Tabelas 7.3 a 7.6 entrarão na composição do custo horário *produtivo* da betoneira, apresentado na Tabela 7.7.

Já para a composição do custo horário *improdutivo* da betoneira, só entram os preços obtidos nas composições das Tabelas 7.3 e 7.4, depreciação e juros, respectivamente, apresentados na Tabela 7.8

Os preços obtidos nas composições das Tabelas 7.7 e 7.8 entrarão na composição auxiliar de produção de argamassa para contrapiso, que está apresentada na Tabela 7.9.

Os preços obtidos na composição da Tabela 7.9 entrará na composição principal de execução do contrapiso, que está apresentada na Tabela 7.10.

Custo horário de equipamentos 183

TABELA 7.7. **Composição de custo horário produtivo da betoneira (CHP)**

Custo horário produtivo da betoneira capacidade nominal de 400 l, capacidade de mistura 280 l, motor elétrico trifásico, potência de 2 cv, sem carregador/ Unidade: h				
Insumo	Un	Coeficiente	Preço	Valor total
DEPRECIAÇÃO Betoneira capacidade nominal 400 l, capacidade de mistura 280 l, motor elétrico trifásico 220/380 v, potência 2 cv, sem carregador	h	1	0,20	R$ 1,605
JUROS Betoneira capacidade nominal 400 l, capacidade de mistura 280 l, motor elétrico trifásico 220/380 v, potência 2 cv, sem carregador	h	1	0,035	
MANUTENÇÃO Betoneira capacidade nominal 400 l, capacidade de mistura 280 l, motor elétrico trifásico 220/380 v, potência 2 cv, sem carregador	h	1	0,17	
MATERIAIS NA OPERAÇÃO Betoneira capacidade nominal 400 l, capacidade de mistura 280 l, motor elétrico trifásico 220/380 v, potência 2 cv, sem carregador	h	1	1,20	

TABELA 7.8. **Composição de custo horário improdutivo da betoneira (CHI)**

Custo horário improdutivo da Betoneira capacidade nominal de 400 l, capacidade de mistura 280 l, motor elétrico trifásico, potência de 2 cv, sem carregador/ Unidade: h				
Insumo	Un	Coeficiente	Preço	Valor total
DEPRECIAÇÃO Betoneira capacidade nominal 400 l, capacidade de mistura 280 l, motor elétrico trifásico 220/380 v, potência 2 cv, sem carregador	h	1	0,20	R$ 0,235
JUROS Betoneira capacidade nominal 400 l, capacidade de mistura 280 l, motor elétrico trifásico 220/380 v, potência 2 cv, sem carregador	h	1	0,035	

TABELA 7.9. Composição de produção de argamassa para contrapiso

Argamassa traço 1:4 (cimento e areia média) para contrapiso, preparo mecânico com betoneira 400 l.
Unidade: m³

Insumo	Un	Coeficiente	Preço*	Valor total (R$/m³)
Operador de betoneira (com encargos)	h	5,02	16,40	R$ 372,48
Areia média	h	1,54	55,00	
Cimento	Kg	422,22	0,48	
Custo horário produtivo da Betoneira capacidade nominal de 400 l, capacidade de mistura 280 l, motor elétrico trifásico, potência de 2 cv, sem carregador	CHP	1,17	1,605	
Custo horário improdutivo da Betoneira capacidade nominal de 400 l, capacidade de mistura 280 l, motor elétrico trifásico, potência de 2 cv, sem carregador	CHI	3,85	0,235	

* Preço base fevereiro 2018/Sinapi.

TABELA 7.10. Composição de execução do contrapiso

Contrapiso em argamassa traço 1:4 (cimento e areia), preparo mecânico com betoneira 400 l, aplicado em áreas secas sobre laje, aderido, espessura 3 cm. Unidade: m²

Insumo	Un	Coeficiente	Preço*	Valor total (R$/m²)
Pedreiro	h	0,33	18,91	R$ 28,86
Servente	h	0,165	13,47	
Cimento	Kg	0,5	0,48	
Aditivo adesivo para argamassas e chapisco	l	0,435	9,43	
Argamassa traço 1:4 (cimento e areia média) para contrapiso, preparo mecânico com betoneira 400 l.	M3	0,0431	372,48	

* Preço base fevereiro 2018/Sinapi.

Portanto, o cálculo do custo final do serviço exemplificado (contrapiso), que será dado pela composição principal, depende, primeiramente, do cálculo do custo horário de betoneira, que será multiplicado pela variável física da "quantidade de equipamento" necessária para executar 1 m^3 de argamassa (dentro da composição auxiliar) e, após, o resultado do ônus para executar 1 m^3 de argamassa será multiplicado pelo indicador de CUM da argamassa apresentado na composição principal.

Além da forma de alocação dos custos relativos aos serviços auxiliares, é importante explicitar quais deles estão contemplados nos indicadores das composições, seja no título das composições, seja numa observação anexa, para que não haja sobreposição de atividades ou falta de sua consideração no orçamento (MARCHIORI, 2009).

Outra dica quanto à alocação dos custos dos equipamentos é definir, de acordo com a prática de cada empresa, questões relativas à propriedade/alocação do custo dos equipamentos. Marchiori (2009) cita que estas definições darão um indicativo de quais equipamentos serão de responsabilidade/custo do operário, ou do subempreiteiro (para o caso de mão de obra subcontratada), quais deles serão locados e quais pertencem à empresa e, quanto à alocação dos custos: quais serão inseridos nas composições de custo da empresa, quais farão parte de uma lista de equipamentos a serem considerados custo direto, quais terão seus custos desprezados e quais deles serão considerados na taxa de BDI. Mesmo os equipamentos necessários de pequeno porte (normalmente ferramentas do tipo martelo, serrote etc.), de baixo custo individual, podem ter um custo significativo quando em conjunto, quando os mesmos forem de propriedade da empresa, sugere-se, portanto, alocá-los em uma "listagem de equipamentos /ferramentas", a qual será computada como custo direto (já que tais ferramentas são típicas de uso direto em alguns serviços), mas não atrelados a produtos específicos. Para organizar tais definições, sugerem-se as prescrições mostradas na Tabela 7.11.

No caso dos equipamentos que constam na listagem (e que não entrarem nas composições de custo) o custo a eles associado é diretamente obtido pela multiplicação do número de unidades de cada tipo de equipamento por seu preço unitário. Para os equipamen-

TABELA 7.11. **Definições quanto à alocação e propriedade dos equipamentos e ferramentas para obras privadas (exemplo serviço de fôrmas)**

Serviço	Equipe	Equipamento ou ferramenta	Propriedade				Alocação do custo			
			Subempreiteiro	Operário*	Empresa	Locado	Desprezível	Listagem de equipamentos (custo direto)	Na composição	No BDI
Fôrmas	Oficial + ajudante direto	Serra circular de bancada			x				x	
		Serra circular portátil			x			x		
		Nível a laser			x				x	
		Arco de serra			x			x		
		Lâmina de serra			x			x		

* Quando de propriedade do operário, o equipamento/ferramenta não deve constar da alocação dos custos da empresa.

tos integrantes das composições de custo, procede-se à escolha do indicador de eficiência no uso (ou produtividade) do equipamento, com base em experiência prévia da empresa ou usando indicadores disponíveis nos manuais orçamentários e procede-se ao cálculo do seu custo horário conforme ilustrado na Figura 7.2. No caso dos equipamentos locados, o seu custo é inserido no orçamento pela multiplicação do preço pago por hora de locação pelo número de horas disponíveis para o trabalho. Aqui cabe a observação de que, no caso da locação por período, como, por exemplo, um pagamento ao locador em termos de um valor mensal, obtém-se o valor horário de locação dividindo o valor mensal pelo número de horas de trabalho existentes por mês para uma determinada jornada de trabalho.

Observar que, no caso das obras públicas, dever-se-á atentar que a alocação dos custos de ferramentas já é feita dentro do valor referente ao preço horário da mão de obra, sob o nome "encargos complementares". De acordo com CEF (2017), os encargos complementares são custos associados à mão de obra como alimentação, transporte, equipamentos de proteção individual, ferramentas manuais, exames médicos obrigatórios, seguros de vida e cursos de capacitação, cuja obrigação de pagamento decorre das convenções coletivas de trabalho e de normas que regulamentam a prática profissional na construção civil e tais valores não variam proporcionalmente aos salários (remuneração da mão de obra).

7.12 Comprar ou alugar o equipamento?

O construtor pode vir a se deparar com a dúvida sobre comprar ou alugar um equipamento. A resposta para esta questão tem de levar em conta alguns fatores que estarão presentes ou não na obra/empresa que utilizará o equipamento, conforme o que segue.

Em geral em obras grandes, longas, que tenham bastante demanda pelo equipamento, quando o equipamento atende a vários serviços, é interessante a sua aquisição até porque estará sempre à disposição da empresa, o seu custo horário é menor que o do locado (o locado tem incidência do BDI do locador), o pagamento do equipamento poderá ser facilitado através de financiamentos.

Já para obras pequenas, com o uso do equipamento em serviços muito específicos, quando o equipamento é muito caro ou a empresa não tem condições financeiras de adquiri-lo, o mais interessante é a locação do equipamento. Todavia, de acordo com Baeta (2012) isto nem sempre se aplica ao caso de obras públicas; existem indicações do Tribunal de Contas da União de que se evite utilizar nos orçamentos das licitações o valor da locação de equipamentos ao invés do seu custo horário, em especial quando os valores de locação forem superiores aos do custo horário.

Mattos (2006) levanta que o aluguel do equipamento pode se dar de três formas: a) através de tarifa – quando o construtor paga um preço fixo por unidade de tempo (dia, semana ou mês); b) através de *leasing* (arrendamento mercantil) – o construtor paga uma taxa fixa pelo aluguel do equipamento, por prazo determinado, mas com opção de compra pelo arrendatário; ou c) através de empreitada – quando o construtor paga pelo trabalho realizado pelo locador (nesta modalidade é interessante ao locador utilizar seus melhores operadores e máquinas para aumentar a produtividade e receber o aluguel mais rápido). Segundo o autor, a decisão entre alugar ou comprar um equipamento deve ser tomada a partir do cálculo do número de horas de utilização anual para que o custo horário do equipamento próprio equivalha ao custo horário de locação. Se o equipamento trabalhar, por ano, mais do que essa quantidade, vale a pena comprá-lo; se a tendência for trabalhar menos horas por ano, a locação é mais aconselhável.

7.13 Exercícios

1. Calcular o custo horário do produtivo e improdutivo de um rolo compactador de pneus, estático, pressão variável, potência 110 HP, peso sem/com lastro 10,8/27 T.
   Operador = R$ 17,33/h com encargos
   Valor de mercado = R$ 400.000,00
   Vida útil = 6 anos
   HTA = 2000 h/ano
   Valor residual = 20%
   Coeficiente de manutenção = 0,8
   Combustível = diesel
   Taxa de juros = 6% ao ano
   Preço diesel = R$ 4,00/litro

2. Calcule o custo horário do produtivo e improdutivo de uma retroescavadeira sobre rodas com carregadeira, tração 4 × 4, potência 88 HP e analise qual das parcelas do custo é a mais relevante.
   Operador = R$ 21,42/h com encargos
   Valor de mercado = R$ 250.000,00
   Vida útil = 5 anos
   HTA = 2000 h/ano
   Valor residual = 30%
   Coeficiente de manutenção = 0,7
   Combustível = diesel
   Taxa de juros = 10% ao ano
   Taxa de juros = 6% ao ano
   Preço diesel = R$ 4,00/litro

3. Você como gestor da obra precisará optar entre a compra ou a locação de uma régua vibratória de concreto treliçada, equipada

com motor a gasolina de 9 HP. A partir das características abaixo, qual é a sua decisão?

Valor de mercado = 12.000,00
Vida útil = 5 anos
Valor residual = 10%
Taxa de juros = 6% ao ano
Valor da locação por mês = R$ 500,00 (despesas de operação e manutenção por parte da construtora)

Referências

Baeta, A.P. (2012) Orçamento e controle de preços de obras públicas. São Paulo: Editora Pini.

CEF, Sinapi (2017) Metodologias e conceitos: Sistemas Nacional de Pesquisas de Custos e Índices da Construção Civil. 3ª ed. Brasília.

Marchiori, F.F. (2009) Desenvolvimento de um método para elaboração de redes de composições de custo para orçamentação de obras de edificações. Tese (Doutorado) Escola Politécnica da USP.

Mattos, A.D. (2006) Como preparar orçamentos de obras: dicas para orçamentistas, estudos de caso exemplos. São Paulo: Editora Pini.

Oliveira, L.M.; Perez Jr., J.H. (2000) Contabilidade de custos para não contadores. São Paulo: Editora Atlas.

Ricardo, H.S.; Catalani, G. (2007) Manual prático de escavação: terraplenagem e escavação de rocha. 3ª ed. São Paulo: Editora Pini.

Capítulo 8
Benefícios e despesas indiretas

Até agora estudamos como compor os custos diretos de um empreendimento, contudo, o preço de venda do empreendimento contempla, além dos custos diretos, os indiretos e o lucro de quem constrói. Desta forma, o enfoque deste capítulo é justamente no tema Benefícios e Despesas Indiretas, conhecido na engenharia de custos pela sigla BDI, mas que também pode ser chamado LDI (Lucro e despesas indiretas). O "benefício" também pode ser entendido como o lucro do construtor.

São várias as formas que se pode conceituar BDI. Para Matos (2006), o BDI é o percentual que deve ser aplicado sobre o custo direto dos itens da planilha da obra para se chegar ao preço de venda. De acordo com Tisaka (2009)[1] BDI é uma taxa que se adiciona ao custo de uma obra para cobrir as despesas indiretas que tem o construtor, mais o risco do empreendimento, as despesas financeiras incorridas, os tributos incidentes na operação, eventuais despesas de comercialização, o lucro do empreendedor e o seu resultado é fruto de uma operação matemática baseada em dados objetivos envolvidos em cada obra.

Ao compor o BDI, o orçamentista deverá avaliar quais dos gastos e com que intensidade estarão presentes na obra, além do interesse estratégico da empresa na obra para a qual está propondo o preço. Esta postura também é indicada por Jungles e Ávila (2006), que dizem que, dada a particularidade de cada empresa, o recomendado é dispor de um índice próprio, podendo variar de obra para obra, e acrescentam, ainda, que é necessário levar em conta o

---

1. Documento técnico do Instituto de Engenharia que estabelece a metodologia de cálculo do BDI.

número de contratos disponíveis e o custo financeiro incorrido no momento de formação das propostas. Lopes (2011), salienta que estabelecer o BDI é uma tarefa complexa, que deveria levar em conta o porte da obra e a localidade em que será executada.

Devido às inúmeras discussões na área tratando do que está no escopo dos custos diretos e indiretos, e, consequentemente na composição do BDI, no presente livro adotar-se-á a conceituação do Tribunal de Contas da União, aplicável aos casos de obras públicas, que diz que "o BDI é um percentual aplicado sobre o custo para chegar ao preço de venda a ser apresentado ao cliente".

Levando-se em conta que:

$$\text{Preço} = \text{Custo} + \text{BDI} \tag{8.1}$$

E que o BDI é um percentual sobre o custo, tem-se que:

$$\text{Preço} = \text{Custo} * (1 + \text{BDI} / 100) \tag{8.2}$$

De acordo com Baeta (2012), o BDI pode ser aplicado sobre o total dos custos diretos ou ao final de cada composição de custo. Observe-se que neste último caso, para as obras privadas há que se considerar a aplicação do BDI também nos itens que não estão nas composições, mas que são utilizados nos serviços, como por exemplo, as ferramentas de trabalho.[2]

O fato de o BDI ser definido como um percentual sobre os custos diretos e o fato da Administração pública travar o valor do BDI em percentuais, conforme veremos adiante, faz com que as empresas participantes de uma licitação pública, por exemplo, queiram colocar o máximo de itens possível dentro dos custos diretos, deixando, assim, mais espaço para a margem de lucro e obtendo um montante de custo direto maior, e consequentemente, preço mais elevado. Essa é uma fonte de inúmeros questionamentos e discussões judiciais.

Para que se possa definir o BDI de uma obra é necessário, inicialmente, entender o que são despesas e custos indiretos e os itens que as compõe.

---

2. Conforme comentado no Capítulo 7, no caso de obras públicas, a parcela referente às ferramentas já se encontra dentro dos encargos complementares, não sendo, assim, necessário criar uma planilha à parte para isso.

8.1 Despesas indiretas e custos indiretos

De acordo com Mattos (2006), as despesas indiretas são as que não apareceram como mão de obra, material ou equipamento dentro das composições de custo unitárias dos serviços, ou seja, aquelas que não entraram no custo direto da obra.

De forma geral, o custo direto é proporcional às quantidades produzidas, ao passo que as despesas indiretas são fixas e, mesmo que não haja produção num determinado período, estas últimas continuam ocorrendo.

Porém, o Manual orçamentário TCPO (2014) apresenta um aprofundamento em relação a estas definições, uma vez que cita que existe uma diferença conceitual entre custo indireto e despesas indiretas: os custos indiretos são os gastos de infraestrutura necessários para a construção do objeto contratado, mas que não estarão incorporados ao objeto, como por exemplo: a instalação do canteiro de obras, a administração local e a mobilização e desmobilização. Já as despesas indiretas estão relacionadas com as taxas de despesas de administração central, risco, seguros e garantias, impostos e despesas financeiras. Em tal manual, os custos indiretos são somados aos custos diretos oriundos das composições unitárias e são chamados genericamente custos diretos para efeito de cálculo da taxa de BDI. Veja que, neste caso, apesar de os custos com as instalações com canteiro de obras não variarem proporcionalmente à produção, eles são considerados diretos.

Esta mesma lógica está presente em 2 manuais do TCU,[3] os quais indicam considerar a administração local (que contempla o pessoal de direção técnica, pessoal de escritório e de segurança, materiais de consumo, equipamentos de escritório e de fiscalização) como custo direto. Em TCU (2014b), é acrescentada a seguinte recomendação: "Vale comentar que despesas relativas à administração local de obras, pelo fato de poderem ser quantificadas e discriminadas por meio de contabilização de seus componentes, devem constar na planilha orçamentária da respectiva obra como custo direto. A mesma afirmativa pode ser realizada para despesas

---
3. Em *Obras Públicas: Recomendações básicas para a contratação e fiscalização de obras de edificações públicas*, no TCU (2014a) e no TCU (2014b), *Orientações para elaboração de planilhas orçamentárias de obras públicas*.

de mobilização/desmobilização e de instalação e manutenção de canteiro." A discriminação destes custos na planilha orçamentária proporciona uma maior transparência ao orçamento.

No Quadro 8.1 encontram-se as definições relativas aos custos indiretos, as fontes para embasar estes custos e quando ele será pago para a empresa construtora durante a execução da obra. É importante salientar que este quadro, embora possa servir como uma listagem de custos indiretos para obras privadas, tem por base a prática usual em obras públicas. O orçamentista deve observar que esta prática poderá ser alterada à medida que novas diretrizes governamentais forem tomadas com relação ao cálculo e pagamento destes custos.

É importante ressaltar que, no caso das obras públicas, o custo devido à administração local tem um valor máximo possível de ser adotado pelos proponentes da licitação, em percentual[4] sobre o valor total do orçamento, de acordo com o que está na Tabela 8.1.

Já no caso das despesas indiretas, as seguintes parcelas são consideradas na sua composição: administração central, seguros e garantias, contingências, despesas financeiras e tributos (TCU, 2014b). Além destas, há que se considerar o lucro do construtor na composição do BDI. Tal órgão estabelece que o demonstrativo da composição analítica da taxa do BDI usado no orçamento-base da licitação também deve constar do processo licitatório para permitir transparência na formação do preço. De acordo com TCU (2014b), a equação para composição do BDI é:

$$BDI = \left[\frac{(1 + (AC + S + R + G)(1 + DF)(1 + L)}{(1 - I)} - 1\right] \times 100 \qquad (8.3)$$

Onde:
AC = Taxa de rateio da administração central
S = Taxa representativa de seguros
R = Riscos e imprevistos
G = Taxa que representa o ônus das garantias exigidas em edital
DF = Taxa representativa das despesas financeiras
L = Remuneração bruta do construtor
I = Taxa representativa dos tributos incidentes sobre o preço de venda (PIS, Cofins, CPRB e ISS)

---

4. Acórdão nº 2622/2013 – TCU – Plenário.

QUADRO 8.1. Detalhamento dos custos indiretos

Custo indireto	O que entra nesse custo	Fonte do custo*	Quando é pago*
Instalações do Canteiro de obras	Construção e manutenção das instalações de escritório, almoxarifado, refeitório, guarita, sanitários, vestiários, alojamentos, oficinas, galerias, instalações provisórias (energia, água, esgoto, telefone, gás), escadas, rampas, passarelas, bandejas salva-vidas, sinalização, acessos de serviço, caminhos de trabalho, placa da obra, tapumes, muros, cercas, telas de proteção, retirada de entulho do canteiro	Projeto do canteiro e composição de custo dos manuais orçamentários	Apropriado quando executado
	Veículos de fiscalização, mobiliário, telefones, equipamentos de escritório, computadores, máquina de cartão ponto, ar condicionado, fogão, marmiteiro, geladeira, bebedouros e demais equipamentos da administração local (considerar apenas a depreciação**)	Caso não exista o item no Sinapi, orçar no mercado e colocar no orçamento	Incidência mensal, proporcional ao que é produzido na obra
Pessoal da administração local	Salários e encargos sociais do: engenheiro residente, mestre, encarregado, técnico de edificações e de segurança do trabalho, apontador, almoxarife, vigia e demais funcionários da administração local	Preços do Sinapi ou sindicatos de classe	
Consumos administrativos	Contas de água, energia, telefone, materiais de limpeza e de consumo e afins	Estimando um custo mensal num item da planilha orçamentária	

(Continua)

QUADRO 8.1. Detalhamento dos custos indiretos (*Cont.*)

Custo indireto	O que entra nesse custo	Fonte do custo*	Quando é pago*
Controle tecnológico	Custo relativo aos ensaios necessários ao controle da qualidade da obra, controles topográficos	Item da planilha orçamentária, preços do Sinapi	Custo ocasional, previsto na planilha orçamentária
Mobilização e desmobilização*	O custo de mobilização corresponde aos gastos com transporte de equipamentos, ferramentas, utensílios e pessoal para o canteiro de obras; os custos de desmobilização são feitos na retirada do pessoal, maquinário e instalações do canteiro de obras ao final do contrato ou em eventual interrupção dos trabalhos	Estimando um custo mensal num item da planilha orçamentária	Apropriados no início e no término da utilização do equipamento

* Considerando o caso de orçamento para licitação de obras públicas.
* O pagamento de desmobilização nem sempre é feito no caso de obras públicas. De acordo com TCU (2014), o custo da desmobilização não é necessariamente o mesmo da mobilização. Para tal Tribunal, alguns sistemas referenciais de custos não consideram os gastos com desmobilização para evitar pagamentos em duplicidade, no caso da empresa se mobilizar ao final de uma obra para outra. O fato é que nem sempre o pessoal e os equipamentos a serem desmobilizados correspondem exatamente ao que foi mobilizado.
** Indicação de Baeta (2012).
Fonte: Acervo das autoras.

TABELA 8.1. **Valores máximos de custo de administração local a serem adotados no caso de obras públicas**

Percentual de Administração Local inserido no Custo Direto	1º Quartil	Médio	3º Quartil
Construção de edifícios	3,49%	6,23%	8,87%
Construção de rodovias e ferrovias	1,98%	6,99%	10,68%
Construção de redes de abastecimento de água, coleta de esgoto e construções	4,13%	7,64%	10,89%
Construção e manutenção de estações e redes de distribuição de energia elétrica	1,85%	5,05%	7,45%
Obras portuárias, marítimas e fluviais	6,23%	7,48%	9,09%

Fonte: TCU (2013).

O cálculo das despesas indiretas deve ser feito para compor, juntamente com o lucro, aquela porcentagem a ser multiplicada pelo custo direto da Equação 8.2. As parcelas que compõem as despesas indiretas são administração central, despesas financeiras, impostos, seguros e garantias, riscos e estão detalhadas a seguir.

8.1.1 Administração central

As despesas com a administração central se devem aos gastos com: salários e encargos dos funcionários – diretores, gerentes, engenheiros de planejamento e orçamento, compradores, secretários, auxiliares, estagiários, vigia, pessoal de limpeza – que trabalham na administração da empresa (sede), aluguel (ou custo de propriedade) do imóvel da empresa, equipamentos, mobiliários, sistemas computacionais e de segurança, veículos (da sede), materiais de consumo (energia, gás, água, telefones, material de escritório, material de limpeza, medicamentos, seguros, correios, cópias), taxas (CREA, Sindicatos, Associações de Classe), serviços terceirizados (assessoria contábil e jurídica, vigilância, serviços de limpeza, manutenção de equipamentos do escritório).

De acordo com o Instituto de Engenharia (TISAKA, 2009), a taxa de administração central é um dos itens mais polêmicos no cálculo do BDI. Baeta (2012) cita que isto ocorre porque os gastos com administração central dependem da característica de cada empresa; que são variáveis em função do seu porte e estrutura, do número de obras em andamento (quando se tem um maior número de obras em andamento este valor pode ser rateado e resultar num percentual menor), complexidade e porte das obras, bem como do faturamento da empresa.

Tisaka (2009) diz que a grande questão que se coloca diante do administrador público é saber qual é a estrutura ideal que deve ser exigida da contratada para que ela possa atender com eficiência o contrato a que se propõe a executar. Baeta (2012) corrobora com essa ideia e acrescenta que a dificuldade está em a Administração Pública ter de definir um BDI para uma determinada obra antes de conhecer a estrutura de custo e o faturamento das empresas concorrentes da licitação, já que isto é feito na fase de elaboração do orçamento de referência, na fase interna da licitação[5] (de definição dos recursos orçamentários para a obra a ser licitada).

Depois de contabilizados todos os custos da administração central de uma construtora é o momento de ratear este montante entre as obras em andamento, levando-se em conta o valor do faturamento mensal da empresa, o valor do contrato, prazo de execução dos serviços e seus prováveis faturamento e despesas diretas mensais. Para tanto, pode-se adotar a equação proposta por Tisaka (2011) e Baeta (2012), a seguir:

$$R_{AC} = \frac{DMAC \times FMO \times N \times 100}{FAMAC \times CDTO} \qquad (8.4)$$

Onde:
R_{AC} = Rateio da administração central
$DMAC$ = Despesa mensal da administração central
FMO = Faturamento mensal da obra
N = Prazo da obra (em meses)
$FMAC$ = Faturamento mensal da administração central
$CTDO$ = Custo direto total da obra

A Equação 8.4 poderá ser usada para definição da taxa de rateio da administração central para obras privadas e públicas, com a ressalva que para essas últimas, é necessário atentar para os

---
5. TCU (2014a).

limites impostos pelo TCU (2013), de acordo com o que está na Tabela 8.3, mais adiante.

8.1.2 Despesas financeiras

As despesas financeiras são consideradas no BDI para cobrir a defasagem entre a data em que a empresa teve que desembolsar recursos financeiros para comprar materiais, pagar a mão de obra ou o aluguel de um equipamento, por exemplo, e a data em que ela vai receber do cliente o pagamento pelos serviços realizados.

Quando o cliente é o governo (obras públicas), o pagamento é feito em cima de medições feitas em obra e este tem até 30 dias para ser efetivado. Isto quer dizer que se a empresa aproveitou a oportunidade de compra de um lote maior de materiais – para se beneficiar do poder de barganha – não será pago o material que está estocado e não aplicado no serviço. Isto causa um distanciamento no fluxo de caixa da construtora entre as despesas (que é maior) e receitas (que são menores). O que pode ser feito para reduzir essa diferença é negociar o pagamento com os fornecedores.

Quando as empresas usam capital próprio como capital de giro, a remuneração é feita com base no custo de oportunidade do capital, ou seja, deve-se apurar qual é o rendimento caso esse dinheiro estivesse aplicado no mercado financeiro e quando elas usam capital de terceiros, deve-se levantar o custo deste financiamento no mercado financeiro (BAETA, 2012).

Tisaka (2011) recomenda a inclusão da taxa de inflação na despesa financeira e sugere a Equação 8.5 para seu cálculo.

$$f = \left[(1+i)^{\frac{n}{30}} \times (1+j)^{\frac{n}{30}} \right] - 1 \qquad (8.5)$$

Onde:
f = Taxa de custo financeiro
i = Taxa de inflação média do mês ou a média da inflação mensal dos últimos meses. Não é inflação futura
j = Juro mensal de financiamento do capital de giro cobrado pelas instituições financeiras
n = Número de dias decorridos

Baeta (2012) alerta que no caso de obras públicas a parcela relativa à inflação não deverá ser considerada e sim que se adote a taxa Selic,[6] de acordo com a Equação 8.6.

$$J = (1 + i)^{DU/252} \qquad (8.6)$$

Onde:
J = Taxa de custo financeiro
i = Taxa anual da Selic
DU = Média de dias úteis entre o desembolso para aquisição dos insumos e o pagamento dos serviços executados

Para as despesas financeiras também estão definidos limites para o caso das obras públicas, apresentados na Tabela 8.3.

8.1.3 Impostos

Os impostos que incidem sobre as obras podem ser de origem federal ou municipal, ambos serão descritos a seguir.

a. Impostos federais

Os impostos federais que incidirão sobre as obras públicas são o Programa de Integração Social (PIS) e a Contribuição Social para Financiamento da Seguridade Social (COFINS), sendo que é importante que o orçamentista fique atento a variações que possam ocorrer nos percentuais desses impostos, o que é feito através do acompanhamento das leis federais sobre o assunto. Atualmente estão em vigor as alíquotas de 3 e 0,65% depois de respectivamente, vide Tabela 8.2.[7]

Quanto ao Imposto de Renda de Pessoa Jurídica (IRPJ) e a Contribuição Social sobre o Lucro Líquido (CSLL), estes impostos não devem fazer parte do orçamento-base do órgão licitante em se tratando de obras públicas, de acordo com Súmula 254 do TCU

---

6. Taxa oficial definida pelo Comitê de Política Monetária do Banco Central.
7. O Acórdão 2622/2013 diz que as empresas sujeitas ao regime de tributação de incidência não cumulativa de PIS e COFINS devem apresentar demonstrativo de apuração de contribuições sociais comprovando que os percentuais dos referidos tributos adotados na taxa de BDI correspondem à média dos percentuais efetivos recolhidos em virtude do direito de compensação dos créditos previstos no art. 3° das Leis 10.637/2002 e 10.833/2003, de forma a garantir que os preços contratados pela Administração Pública reflitam os benefícios tributários concedidos pela legislação tributária.

(2010), por serem uma despesa direta e personalística, que oneram pessoalmente o contribuinte (contratado). Felisberto (2017) comenta que, em termos práticos, do lucro bruto previsto para a obra deve ser reservada uma parcela para pagamento desses impostos, resultando no lucro líquido.

Esta decisão da não consideração do IRPJ e CSLL no BDI é voltada para obras públicas e não vinculada a obras privadas. De acordo com metodologia de cálculo da taxa do BDI do Instituto de Engenharia (TISAKA, 2009), a qual poderá ser aplicada a obras privadas, os tributos federais são tributos obrigatórios que incidem sobre o faturamento ou lucro das empresas dependendo da sua opção contábil. Na opção pelo Lucro Real, as alíquotas do IRPJ e da CSLL são de 15 e 9% respectivamente sobre o lucro apurado (sem distinção de ser com ou sem material, vide tabela 8.2). Como a Lei 8666/93 exige que os dados na licitação sejam objetivos e transparentes, para o efeito da composição do BDI, serão utilizados os tributos do Lucro Presumido incidindo sobre o faturamento da obra.

b. Imposto municipal

O imposto municipal a ser considerado no BDI é o imposto sobre serviços (ISS) e varia de 2% a 5% do faturamento, dependendo do município. Baeta (2012) comenta que existe uma grande discussão

TABELA 8.2. Percentual devido aos impostos federais

Tributos federais	Com materiaL		Sem material	
	Presum.	L. Real	Presum.	L. Real
PIS – Programa de Integração Social	0,65	1,65 [*]	0,65	1,65 [*]
COFINS – Financiamento da Seguridade Social	3,00	7,60 [*]	3,00	7,60 [*]
IRPJ – Imposto de Renda de Pessoas Jurídicas	1,20	[**]	4,80	[**]
CSLL – Contribuição Social para Lucro Líquido	1,08	[**]	2,88	[**]

[*] descontar os créditos com materiais (veja a legislação em vigor).
[**] aplicar as alíquotas de 15,0 e 9,0% respectivamente sobre o valor da taxa de Lucro considerado no BDI ou adotar as taxas do lucro presumido.
Fonte: Tisaka (2009).

a respeito de qual deverá ser a base de cálculo do ISS; de acordo com ele, o ISS não deveria incidir sobre os materiais, pois estes já têm a incidência do ICMS, porém adverte que alguns municípios calculam o ISS sobre o valor total da fatura da construtora. No caso de serviço apenas com fornecimento de mão de obra, o imposto incide sobre o total da fatura (TISAKA, 2009). Neste caso o recomendado é se certificar da base de cálculo usada pelo município em que se dará a obra.

Baeta (2012) salienta que o orçamentista deve tomar especial cuidado no caso da obra se dar em vários municípios simultaneamente, o que ocorre frequentemente em obras de estradas, adutoras, linhas de transmissão, então, nestes casos é indicado que o cálculo do tributo seja feito proporcional à quantidade de serviço executada em cada município, através de uma média ponderada dos tributos das cidades pelas quais a obra "passa".

Quanto ao ICMS e IPI, estes não entram no BDI por já estarem considerados no preço de aquisição dos insumos na planilha orçamentária.

8.1.4 Seguros e garantias

O seguro possível de ser considerado na taxa de BDI é aquele referente a objetos definidos da obra, pelos quais a construtora deseja ser ressarcida no caso de sinistro, são eles: roubo, incêndio, responsabilidade civil, riscos de engenharia, dentre outros. Além disso, quando se trata de licitações de obras públicas, a Administração Pública tem direto de exigir a garantia contratual, que faz parte das cautelas para garantir o sucesso da contratação. A exigência de garantia deverá constar de instrumento convocatório, caso a Administração julgue necessário. Tanto as garantias quanto os seguros são exigências contidas nos editais de licitação e só podem ser definidas caso a caso (BAETA, 2012).

8.1.5 Riscos

Para Tisaka (2011), a taxa de risco se aplica para empreitadas por preço unitário, preço fixo, global ou integral, para cobrir eventuais incertezas decorrentes de omissão de serviços, quantitativos irrealistas ou insuficientes, projetos mal feitos ou indefinidos, especificações deficientes, inexistência de sondagem do terreno, etc. Essa taxa é determinada em percentual sobre o custo direto da obra e depende de uma análise global do risco do empreendimento em termos orçamentários.

Contudo, uma análise mais aprofundada do risco é necessária levando-se em conta o regime contratual ao qual a obra está vinculada. Por exemplo, no regime diferenciado de contratação (RDC), modalidade integrada, a obra é contratada com o anteprojeto de engenharia, não mais com o projeto básico (mais completo) o qual é utilizado na contratação por empreitada integral. Ou seja, no primeiro caso, o risco que a contratada está assumindo é maior e ela deverá ser ressarcida por esse risco (veja o Capítulo 1 que trata das modalidades contratuais).

Baeta (2012) apresenta um quadro contendo o grau de risco do construtor *versus* o regime de execução contratual, apresentado no Quadro 8.2.

Observar que na Tabela 8.3, mais adiante, estão apresentados os limites percentuais para o risco do construtor no caso de licitações de obras públicas.

QUADRO 8.2. **Regime contratual × grau de risco do construtor**

Regime contratual	Grau de risco do construtor	Preço final do contrato em relação aos demais regimes
Empreitada Integral ou Contratação Integrada	Elevadíssimo	Mais Elevado
Preço Global	Elevado	Mais Elevado
Preço Unitário	Médio	Baixo se houver controle rigoroso de medições e for licitado a partir de um projeto com qualidade
Administração com remuneração fixa	Baixo	Intermediário, se houver controle pelo proprietário
Administração com remuneração percentual	Insubsistente	Intermediário, se houver controle pelo proprietário

Fonte: Adaptado de Baeta (2012).

8.2 Lucro

Lucro ou Benefício é uma parcela destinada a remunerar: o custo de oportunidade do capital aplicado, capacidade administrativa, gerencial e tecnológica adquirida ao longo de anos de experiência no ramo, responsabilidade pela administração do contrato e condução da obra através da estrutura organizacional da empresa e investimentos na formação profissional do seu pessoal e criar a capacidade de reinvestir no próprio negócio (TISAKA, 2011).

Neste item, assim como nos demais componentes do BDI, em especial das obras públicas, ocorre um desencontro de informações entre contratado e contratante. Baeta (2012) cita que o construtor (contratado) faz a sua proposta de preços com base numa

TABELA 8.3. **Faixas de valores para os itens componentes do BDI***

Tipos de obra	Administração			Central seguro + garantia		
	1º Quartil	Médio	3º Quartil	1º Quartil	Médio	3º Quartil
Construção de edifícios	3,00%	4,00%	5,50%	0,80%	0,80%	1,00%
Construção de rodovias e ferrovias	3,80%	4,01%	4,67%	0,32%	0,40%	0,74%
Construção de redes de abastecimento de água, coleta de esgoto e construções correlatas	3,43%	4,93%	6,71%	0,28%	0,49%	0,75%
Construção e manutenção de estações e redes de distribuição de energia elétrica	5,29%	5,92%	7,93%	0,25%	0,51%	0,56%
Obras portuárias, marítimas e fluviais	4,00%	5,52%	7,85%	0,81%	1,22%	1,99%

* Observar que os parâmetros apresentados nas tabelas, que são do começo do ano de 2013, não contemplam a Contribuição Previdenciária sobre a Receita Bruta (CPRB), instituída pela Lei 12.844/2013, aplicável nas empresas que estão sujeitas à desoneração da folha de pagamento, pois essa lei entrou em vigor após o Acórdão nº 2622/2013 – TCU – Plenário. Exemplificando: quando o regime da empresa for

expectativa de ganhos, que é subjetiva; já o contratante precisa definir o percentual de lucro com base em percentuais de obras anteriores com características similares.

De forma prática, o lucro é expresso por um percentual sobre o valor do contrato, sendo assim parte do BDI. Para as obras privadas não existe um limite[8] no valor desse percentual, já no caso das obras públicas, o lucro terá de estar dentro dos limites apresentados na Tabela 8.3.

---

8. Tisaka (2011) indica que a taxa de lucro a ser atribuído no BDI deva ficar em torno de 10,0% qualquer que seja o tipo e montante da obra considerada, podendo ter variações de 5,0% para mais ou para menos.

Risco			Despesa financeira			Lucro		
1º Quartil	Médio	3º Quartil	1º Quartil	Médio	3º Quartil	1º Quartil	Médio	3º Quartil
0,97%	1,27%	1,27%	0,59%	1,23%	1,39%	6,16%	7,40%	8,96%
0,50%	0,56%	0,97%	1,02%	1,11%	1,21%	6,64%	7,30%	8,69%
1,00%	1,39%	1,74%	0,94%	0,99%	1,17%	6,74%	8,04%	9,40%
1,00%	1,48%	1,97%	1,01%	1,07%	1,11%	8,00%	8,31%	9,51%
1,46%	2,32%	3,16%	0,94%	1,02%	1,33%	7,14%	8,40%	10,43%

Desonerado (INSS de apenas 4,5% no faturamento bruto da empresa e mão de obra sem incidência dos 20% na folha de pagamento) o custo direto será menor e o BDI maior, o que leva os percentuais relativos aos impostos extrapolarem em torno de 5% acima dos limites da Tabela 8.3.
Fonte: TCU (2013).

8.3 Limites percentuais das parcelas do BDI

O TCU (2013) fornece faixas de valores para a definição do BDI, as quais se encontram na Tabela 8.3, para diferentes tipos de obra.

Já na Tabela 8.4 estão colocados os valores totais do BDI por tipo de obra.

Nas Tabelas 8.3 e 8.4 é possível observar que existem valores representando o 1° quartil de dados, o valor médio e o 3° quartil, os quais foram obtidos em projetos levantados pelo TCU (2013), contudo, a recomendação é de que o parâmetro mais importante de todos seja o valor médio do BDI. Ele é o parâmetro que deve ser buscado pelo gestor, pois representa a medida estatística mais concreta obtida. A faixa apenas amplia e dá uma dimensão da variação do BDI, mas é a média, o valor que de fato tende a representar o mercado, devendo servir como referência a ser buscada nas contratações públicas. (TCU, 2013).

Por outro lado, as condições específicas devem ser consideradas em cada caso concreto em que é aplicado o BDI; pode-se adequar o BDI, por exemplo, considerando as alíquotas de tributos aplicáveis ao caso de cada cidade e estado onde se dará a obra.

TABELA 8.4. **BDI total por tipo de obra**

Tipo de obra	Valores do BDI por		
	1º Quartil	Médio	3º Quartil
Construção de edifícios	20,34%	22,12%	25,00%
Construção de rodovias e ferrovias	19,60%	20,97%	24,23%
Construção de redes de abastecimento de água, coleta de esgoto e construções correlatas	20,76%	24,18%	26,44%
Construção e manutenção de estações e redes de distribuição de energia elétrica	24,00%	25,84%	27,86%
Obras portuárias, marítimas e fluviais	22,80%	27,48%	30,95%

Os impostos cabíveis (ISS, PIS, COFINS), não estão na Tabela 8.2 e no Quadro 8.2 por serem particular de cada localidade, mas devem constar do cálculo do BDI.

> Após calculadas todas as parcelas que compõem o BDI, estes valores deverão ser inseridos na Equação 8.3 para efetivamente se chegar ao valor do BDI. Este será aplicado na Equação 8.2 para se chegar ao preço final da obra.

8.4 Exemplo de cálculo do BDI em diferentes tipos de obra

Tomemos como exemplo o caso de uma obra de construção de uma creche (edifício público), que esteja localizada na zona urbana, com fácil acesso de materiais e mão de obra, de um município onde o ISS é de 4%, onde todos os projetos licitados estão completos e compatibilizados, os quantitativos extraídos dos projetos foram conferidos e são considerados adequados a partir do histórico de obras anteriores, o regime de contratação foi por preço unitário, o preço da mão de obra adotado no orçamento foi sem desoneração (onerado), as faturas são pagas aproximadamente 15 dias após a medição e existem outras obras em andamento da empresa que fazem parte do rateio dos custos da administração. Neste caso, poderiam se adotar valores das parcelas referentes ao BDI de acordo com o que está na Tabela 8.5.

Aplicando-se os percentuais na Equação 8.3, teremos um valor de BDI de 23,67%, o que está dentro das faixas previstas pelo TCU (de 20,34 a 25%).

No caso da mesma obra acima optar pelo custo da mão de obra do orçamento com desoneração, o BDI será de 30% (Tabela 8.6), já que neste caso é somada a CPRB (de 4,5%) no denominador da Equação 8.3, conforme a Lei 13161/2015, referente a desoneração na contribuição previdenciária.

Supondo uma outra obra, na mesma cidade da primeira, mas relativa à construção de uma obra portuária, orçada com projeto básico, mas sem a apresentação de sondagens de todos os pontos do local onde serão feitas fundações profundas, será necessário

TABELA 8.5. Parcelas do BDI - exemplo creche (considerando a mão de obra sem desoneração)

		COMPOSIÇÃO – BDI para construção de edifícios					
Item	Descrição analítica	Siglas	Percentual	Situação	1ª Quartil (mínimo)	3ª Quartil (máximo)
1	Administração central	AC	4,00%	OK	3,00%	5,50%
2	Seguro e garantia	S + G	0,80%	OK	0,80%	1,00%
3	Risco	R	0,97%	OK	0,97%	1,27%
4	Despesas financeiras	DF	1,10%	OK	0,59%	1,39%
5	Lucro	L	6,80%	OK	6,16%	8,96%
6	Taxa representativa de tributos	I = PIS + COFINS + ISS + CPRB	7,65%	OK	3,65%	8,65%
6.1	PIS	PIS	0,65%	OK	0,65%	0,65%
6.2	COFINS	COFINS	3,00%	OK	3,00%	3,00%
6.3	Contribuições previdenciária sobre a receita bruta	CPRB	0,00%	OK	0,00%	0,00%
6.4	ISS	ISS	4,00%	OK	2,00%	5,00%
		LIMITE CONFORME ACÓRDÃO TCU 2.622/2013			de 20,34% a 25,00%	
BDI sem desoneração:			BDI	23,67%		

Alíquota ISS: 4,00%
Base de cálculo: 100,00%

TABELA 8.6. Parcelas do BDI para construção de edifícios (considerando a mão de obra com desoneração)

Item	Descrição analítica	Siglas	Percentual	Situação	1ª Quartil (mínimo)	3ª Quartil (máximo)
		COMPOSIÇÃO – BDI para construção de edifícios				
1	Administração central	AC	4,00%	OK	3,00%	5,50%
2	Seguro e garantia	S + G	0,80%	OK	0,80%	1,00%
3	Risco	R	0,97%	OK	0,97%	1,27%
4	Despesas financeiras	DF	1,10%	OK	0,59%	1,39%
5	Lucro	L	6,80%	OK	6,16%	8,96%
6	Taxa representativa de tributos	I = PIS + COFINS + ISS + CPRB	12,15%	OK	8,15%	13,15%
6.1	PIS	PIS	0,65%	OK	0,65%	0,65%
6.2	COFINS	COFINS	3,00%	OK	3,00%	3,00%
6.3	Contribuições previdenciárias sobre a receita bruta	CPRB	4,50%	OK	4,50%	4,5%
6.4	ISS	ISS	4,00%	OK	2,00%	5,00%
		LIMITE CONFORME ACÓRDÃO TCU 2.622/2013			de 20,34% a 25,00%	
	BDI sem desoneração:		BDI	30,00%		

Alíquota ISS: 4,00%
Base de cálculo: 100,00%

TABELA 8.7. Parcelas do BDI para construção de obra portuária (considerando a mão de obra sem desoneração)

COMPOSIÇÃO – BDI para construção de edifícios

Item	Descrição analítica	Siglas	Percentual	Situação	1ª Quartil (mínimo)	3ª Quartil (máximo)
1	Administração central	AC	7,00%	OK	4,00%	7,85%
2	Seguro e garantia	S + G	1,99%	OK	0,81%	1,99%
3	Risco	R	3,16%	OK	1,46%	3,16%
4	Despesas financeiras	DF	1,10	OK	0,94%	1,33%
5	Lucro	L	10,00%	OK	7,14%	10,43%
6	Taxa representativa de tributos	I = PIS + COFINS + ISS +CPRB	7,65%	OK	3,65%	8,65%
6.1	PIS	PIS	0,65%	OK	0,65%	0,65%
6.2	COFINS	COFINS	3,00%	OK	3,00%	3,00%
6.3	Contribuições previdenciária sobre as receita bruta	CPRB	0,00%	OK	0,00%	0,00%
6.4	ISS	ISS	4,00%	OK	2,00%	5,00%
		LIMITE CONFORME ACÓRDÃO TCU 2.622/2013			de 20,80% a 30,95%	
BDI sem desoneração:		BDI	30,00%			

Alíquota ISS: 4,00%
Base de cálculo: 100,00%

contratar mão de obra especializada, pois para o tipo de serviço necessário para a obra, a mão de obra local não tem capacidade técnica de executar, ou seja, as condições de execução dessa obra são de risco muito maior que a primeira. De acordo com o observado nas planilhas do Acórdão 2622/2013 do TCU as obras de BDI mais alto são as portuárias, marítimas e fluviais.

Para esta condição hipotética, teríamos o BDI de 35,05% conforme exemplificado na Tabela 8.7.

E, ainda, se for considerado que a mão de obra é desonerada, o BDI sobe para 41,97%. Ambos os percentuais de BDI estão superiores ao limite estipulado pelo Acórdão do TCU 2622/2010 (de 22,8 a 30,95% para obras portuárias, marítimas e fluviais), contudo, se devidamente justificado pode ser aceito pela Administração Pública.

Referências

Baeta, A.P. (2012) Orçamento e controle de preços em obras públicas. São Paulo: Editora Pini.

Brasil, TCU (Tribunal de Contas da União). (2010) Súmula no 254, de 31 de março de 2010. O IRPJ – Imposto de Renda Pessoa Jurídica – e a CSLL – Contribuição Social sobre o Lucro Líquido – não se consubstanciam em despesa indireta passível de inclusão na taxa de Bonificações e Despesas Indiretas [...]. Poder Legislativo. Brasília, DF.

Brasil, TCU (Tribunal de Contas da União). (2013) Acórdão no 2622, de 25 de setembro de 2013. Legislativo: Plenário. Brasília, DF, 25 set. 2013. Regras sobre BDI. Brasília, DF.

Brasil, TCU (Tribunal de Contas da União). (2014a) Secretaria Geral de Controle Externo; Secretaria de Fiscalização de Obras de Infraestrutura Urbana. Obras Públicas: Recomendações Básicas para a Contratação e Fiscalização de Obras de Edificações Públicas. 4ª. ed. Brasília, DF. 104 p.

Brasil, TCU (Tribunal de Contas da União). (2014b) Coordenação-geral de Controle Externo da Área de Infraestrutura e da Região Sudeste. Orientações para elaboração de planilhas orçamentárias de obras públicas. Brasília, 145p.

Brasil. (1993) Lei no 8666, de 21 de junho de 1993. Regulamenta o art. 37, inciso XXI, da Constituição Federal, institui normas para licitações e contratos da Administração Pública e dá outras providências. Lei de Licitações. Diário Oficial da União, 22 jun 1993.

CEF, Sinapi. (2017) Metodologias e conceitos: Sistemas Nacional de Pesquisas de Custos e Índices da Construção Civil (Sinapi). Brasília.

Felisberto, A.D. (2017) Contribuições para elaboração de orçamento de referência de obra pública observando a nova árvore de fatores do Sinapi com BIM

5D – LOD 300. Florianópolis. Dissertação (Mestrado) Universidade Federal de Santa Catarina, Programa de Pós-Graduação em Engenharia Civil. 231p.

Jungles, A.E.; Avila, A.V. (2006) O gerenciamento na construção civil. Chapecó: Editora Argos.

Lopes, A.O. (2011) Superfaturamento de obras públicas. São Paulo: Editora Livro Pronto.

Mattos, A.D. (2006) Como preparar orçamentos de obras: dicas para orçamentistas, estudos de caso, exemplos. São Paulo: Editora Pini.

Tisaka, M. (2009) Metodologia de cálculo da taxa do BDI e custos diretos para a elaboração do orçamento na construção civil. Documento Técnico do Instituto de Engenharia. Disponível em: https://www.institutodeengenharia.org.br. Acesso em 24 setembro 2018.

Tisaka, M. (2011) Orçamento na Construção Civil: Consultoria, Projeto e Execução. 2ª ed. São Paulo: Editora Pini.

Capítulo 9
Curva ABC

O objetivo deste capítulo é apresentar as ferramentas importantes para a engenharia de custo – a curva ABC de serviços e curva ABC de insumos –, além de discutir suas aplicações. A curva ABC é um tipo de relatório muito útil ao gestor da obra para que possa direcionar seus esforços durante a execução, focando nos serviços e insumos mais relevantes, que são os que devem ter seus custos e consumos controlados já que terão maior influência no resultado final da obra.

9.1 O que é?

É o resultado (representado em tabela ou gráfico) dos preços dos serviços ou dos insumos (mão de obra, materiais e equipamentos) agrupados em ordem decrescente, onde no topo encontram-se os itens mais relevantes em termos de custo da planilha orçamentária, calculando ainda os valores acumulados percentualmente.

A Curva ABC é a aplicação do Princípio de Pareto (Regra 80/20), que 80% das consequências são geralmente causados por 20% das causas. Composto com três faixas ou classe, conforme:
• Classe A – representa o percentual de custo acumulado (dos serviços ou insumos) até 50% do total do orçamento
• Classe B – representa o percentual acumulado entre 50 e 80% do custo total do orçamento
• Classe C – representa o percentual acumulado entre 80 e 100% do custo total do orçamento, ou seja, contempla todos os itens restantes do orçamento

A curva ABC de serviços ordena-se os serviços do orçamento em ordem decrescente, com colunas com percentuais unitários e acumulados.

Já a curva ABC dos insumos é a ordenação da relação dos insumos (mão de obra, materiais e equipamentos) coordenados em ordem decrescente de importância.

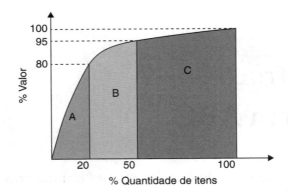

FIGURA 9.1. Representação gráfica da curva ABC.
Fonte: Adaptado de http://www.sobreadministracao.com/o-que-e-e-como-funciona-a-curva-abc-analise-de-pareto-regra-80-20/. Acesso: setembro 2018.

TABELA 9.1. **Representação da Curva ABC de serviços**

Serviço	Custo total (R$)	%	% Acum	Faixa
Superestrutura	990.000,00	33%	33%	A
Revestimento	570.000,00	19%	52%	
Instalações	510.000,00	17%	69%	B
Esquadrias	240.000,00	8%	77%	
Elevadores	180.000,00	6%	83%	
Fundações	150.000,00	5%	88%	C
Alvenaria	120.000,00	4%	92%	
Pintura	120.000,00	4%	96%	
Vidros	90.000,00	3%	99%	
Movimento de terra	30.000,00	1%	100%	
Total	3.000.000,00	100%		

Fonte: Adaptado de https://qualidadeonline.wordpress.com/2010/12/17/curva-abc-para-o-controle-de-estoque-ou-de-materiais/. Acesso: setembro 2018.

A Figura 9.1 e as Tabelas 9.1 e 9.2 apresentam exemplos de curvas ABC.

Algumas considerações importantes:
• Alguns softwares de orçamento apresentam a Curva ABC como um relatório automático.
• É possível utilizar planilhas Excel, para curva ABC de insumo é necessário definir cada composição de custo unitário, os insumos (agrupando aqueles que aparecem em várias composições),

TABELA 9.2. Representação da Curva ABC de insumos

Insumo	Und.	Custo unitário	Qte. total	Custo total (em R$)	%	Acumulado
Azulejo	m²	20,00	250,0	5.000	33,8%	33,8%
Pedreiro	h	6,50	500,0	3.250	22,0%	55,8%
Servente	h	4,20	750,0	3.150	21,3%	77,1
Argamassa	kg	2,25	760,0	1.710	11,%	88,7%
Azulejista	h	6,50	150,0	975	6,6%	95,3%
Cimento	kg	0,25	1700,0	425	2,9%	98,1%
Areia	m³	25,00	6,0	150	1,0%	99,2%
Cal	kg	0,25	500,0	125	0,8%	100,0%
			Soma =	14.785		

Fonte: Adaptado de https://www.qconcursos.com/questoes-de-concursos/questao/55653dd1-ba. Acesso: setembro 2018.

os coeficientes de consumo, as unidades de medidas e os preços unitários.
• Segundo Baeta (2012) as quantidades de insumos são obtidas mediante a multiplicação do seu coeficiente de consumo com quantidade de serviço previsto no orçamento.
• Para curva ABC os serviços repetidos devem ser agrupados, apresentando os quantitativos somados.
• As faixas A e B representam 80% do custo da obra e cerca de 20% dos insumos/serviços.
• A faixa C responde por, em torno de, 80% dos insumos/serviços e representa 20% dos custos da obra.

9.2 Para que serve a curva ABC?

A curva ABC é um instrumento importante tanto para o orçamentista, para o gestor da obra e também para um auditor.
   Para o orçamentista:
• Identificar erros nos quantitativos e nas composições de custo unitário.
• Fazer cotações para os insumos mais expressivos.
• Permite análise do custo da obra de forma simplificada, além de uma maior sensibilidade do custo total, sobre um aumento de item específico.

Para o gestor da obra:
• Hierarquizar os insumos para informar o setor de aquisições, planejar a compra de insumos e negociar com os fornecedores aqueles mais significativos.
• Auxiliar no planejamento e programação da obra, no que se refere ao nivelamento da mão de obra e equipamentos.
• Atribuição de responsabilidades para priorização das negociações para compra de insumos ou contratação de serviços, onde é possível um desconto na Faixa A representa muito.
• Avaliação do impacto de aumento ou diminuição de preço de um determinado insumo.
• Negociação na contratação de serviços terceirizados em função do seu impacto no custo global da obra, além de maior critério na medição destes serviços.

Para o auditor:
• Cotação de insumos mais significativos.
• Permite manifestação sobre conformidades ou não conformidades de um orçamento, analisando os serviços mais impactantes.
• Baeta (2012) afirma que o sobrepreço global do contrato é a soma do sobrepreço determinado a partir da curva ABC com o sobrepreço estimado, apurando com o uso da estatística de uma amostra de itens retirados da parcela não analisada no orçamento.
• O auditor deve verificar os motivos, se a curva ABC dos insumos de uma determinada obra apresentar uma composição anormal em relação à tipologia.

9.3 Exercício

Com base no exercício proposto no Capítulo 4, elabore as curvas ABC de insumos e de serviços.

Referência

Baeta A.P. (2012) Orçamento e controle de preços em obras públicas. São Paulo: Editora Pini.

Sobreadministração. (2010) Curva ABC – Análise de Pareto – O que é e como funciona. Disponível em: http://www.sobreadministracao. com/o-que-e-e-como-funciona-a-curva-abc-analise-de-pareto-regra-80-20/. Acesso em Março de 2019.

Capítulo 10
Orçamento e o BIM

Com colaboração de Camila Borges Moreira de Lima
e Alexandre David Felisberto

10.1 Introdução

Há mais de 30 anos Chuck Eastman apresentou o conceito do BIM (*Building Information Modeling* – Modelagem da Informação da Construção) como "uma tecnologia de modelagem associada a um conjunto de processos para produzir, comunicar e analisar modelos de edificações".

Os pilares para a metodologia BIM são tecnologia, pessoas e processos conectados entre si por normas, boas práticas e procedimentos.

A Modelagem da informação da Construção, como uma forma de projetar que apresenta soluções para a orçamentação, além de outras fragilidades na etapa de projeto, percorrendo todo o ciclo de vida das edificações, conforme apresentado na Figura 10.1. A modelagem exige conhecimento técnico e principalmente uma visão holística de todas as etapas.

Rushel e Crespo (2007) afirmam que: "BIM é mais do que um modelo de visualização do espaço projetado, é um modelo digital composto por um banco de dados que permite agregar informações para diversas finalidades, além de aumento de produtividade e racionalização do processo."

FIGURA 10.1. Ciclo de vida de edificações em BIM.
Fonte: ABDI (2017).

Em seu livro, *Bim Handbook*, Eastman et al. (2008) afirmam que o conceito BIM não é uma coisa ou tipo de software, mas sim uma atividade humana que envolve mudanças amplas no processo de construção. Inevitavelmente, essa mudança no processo de construção leva a uma mudança na maneira como o planejamento de custo e orçamentação são produzidos.

Conforme Succar (2009), "Bim é uma tecnologia emergente e uma mudança processual para a arquitetura, engenharia, construção e indústrias de operação (AECO)".

BIM é, além de uma nova tecnologia, a indução para uma nova maneira de pensar o fluxo de elaboração de um projeto. Seus atributos exigem que os projetistas, de todas as disciplinas, iniciem a concepção do projeto alinhados, ou seja, projeto de instalações, fundações, estrutural, além de outras, muitas vezes improvisadas, como canteiro e paginações de alvenaria, sejam pensados e projetados desde o início da concepção do projeto.

Essa concepção integrada será possibilitada por meio da junção de três frentes: modelagem baseada no objeto, colaboração baseada no modelo e integração baseada na rede. Conforme

Pereira e Ribeiro (2018) tem-se: (1) parâmetros do *template*[1] que se referem ao manuseio do software; (2) modelagem virtual (definição e revisão dos sistemas construtivos); (3) *sharing* (diretrizes para o compartilhamento de informações/modelo); e (4) revisão das limitações (informações insuficientes no modelo que não computa alguns serviços necessários para a execução da obra).

Percebe-se que, com o uso do processo e ferramentas BIM, é necessário um maior planejamento durante a fase da elaboração do projeto, do que o exigido atualmente no Brasil. Entretanto, a consequência disso são menos imprevistos durante a execução da obra, um orçamento mais confiável e um maior controle do cronograma da execução.

10.2 O uso do BIM na orçamentação

Forgues et al. (2012) afirmam que a aplicação do BIM na orçamentação é costumeiramente chamada "5D BIM".

A estimativa de custo baseada no modelo só é possível após a parametrização dos objetos do próprio modelo. As informações como, tipo, características e custo dos materiais e suas respectivas montagens são características que podem ser especificadas para cada objeto de um modelo BIM.

Ainda, segundo Forgues et al. (2012), o gerenciamento de custo é uma prioridade importante no gerenciamento da construção e o fato da orçamentação ser realizada ao final do projeto e por pessoas que não tiveram participação em sua concepção, ou por diferentes stakeholders, gera uma fragmentação no processo, que o torna ineficaz e de intensivo uso de recursos.

Para Vitásek e Matějka (2017), o uso do BIM para orçamentação, deve ser utilizado de forma que o orçamentista não realize mais o levantamento de quantitativos, mas sim que apenas revise os dados extraídos dos softwares. Isso pouparia o tempo da

---

1. Configuração que inclui tipos e espessuras de linhas, blocos (famílias), configurações de materiais/insumos e de visualização, etc. Existem arquivos de template (formato.rte caso se use o Autodesk Revit®) distribuídos de forma comercial e/ou gratuitamente na internet. Conforme a ABNT NBR 15965 que descreve a "classe" da construção, conjunto de conceitos/objetos com características semelhantes que relacionam conforme uma lógica.

conferência dos desenhos bidimensionais para levantamento dos quantitativos e posterior estimativa de custo.

Modelos BIM são estabelecidos por componentes com distintos Níveis de Desenvolvimento (ND).[2] Cada ND possui tipos de informação e volumetria diferenciados. No Quadro 10.1 é apresentado o resumo dos ND e suas principais características.

Os quantitativos são o alicerce de todos os tipos de orçamento ou estimativa de custo, sejam eles de áreas por classes ou por levantamentos dos componentes do modelo BIM.

Os quantitativos a serem retirados do modelo por procedimentos diversos, variando conforme a ferramenta (aplicativo/programas) a ser usada, mas, principalmente, conforme o método de modelagem e a definição do processo de projeto BIM. As quantidades levantadas são relacionadas com as composições adequadas de modo a se obter custos estimados para os serviços, materiais e outros recursos em questão. No entanto, esta não é uma associação automática padronizada; deve ser estudada e empregada conforme a intenção do orçamento.

Os quantitativos são delineados quanto ao nível de informação presente no modelo BIM, a qual tanto pode estar modelada em 3D, como simplesmente estar implantada como informações (metadados) de seus componentes. Segundo a ABDI (2017) não existe um vocabulário controlado nacional de termos da construção para os parâmetros dos metadados. Para evitar erros de entendimento seria importante consolidar tal vocabulário, possivelmente na forma de um dicionário integrado ao *Building SMART Data Dictionary*.[3]

Importante salientar que a parametrização dos elementos permite que dados sejam indiretamente ligados a outras informações do modelo.

As quantidades a serem levantadas, bem como sua classificação, podem ser obtidos do modelo BIM. Ainda, os documentos, tais como memoriais e especificações de produto, também devem ser consultados para verificar se o modelo corresponde ao que foi determinado.

---

2. O nível de detalhamento também é conhecido pela sua sigla em inglês LOD (Level of Development).
3. Ver http://bsdd.buildingsmart.org/#peregrine/about.

Orçamento e o BIM 221

QUADRO 10.1. ND e suas principais características

ND	Características	Obtenção de informações referentes ao 5D	Exemplo
100/200	• Informações gráficas simples, textuais e numéricas • Os símbolos, podem ter dados associados a esse símbolo de um componente • As informações são genéricas do modelo, tais como áreas de pisos, paredes ou esquadrias, volumes de movimentação de terra ou da estrutura, número de leitos ou quartos	• Associar componentes BIM a indicadores, dessa maneira, conseguir estimar de custos • Indicadores podem ser de custo por unidade (m, m², m³ ou mesmo quantidades de determinado componente) • Estimativas de custos para atender à Norma ABNT NBR 12721:2006 Avaliação de custos de construção para incorporação imobiliária e outras disposições para condomínios edilícios, que define um procedimento de avaliação de custos para incorporação baseado na tipologia de áreas	
300/350	• Componentes podem ser usados na análise de desempenho de sistemas pela aplicação de critérios específicos a elementos representativos	• Admite o levantamento de quantitativos por cada tipo de elemento tais como alvenaria, revestimentos, equipamentos ou outro componente do modelo, agrupados por áreas, divisões, compartimentos, unidades ou pavimentos	

(Continua)

QUADRO 10.1. ND e suas principais características (*Cont.*)

ND	Características	Obtenção de informações referentes ao 5D	Exemplo
400	• Detalhes como componentes de montagem (Projeto para produção)	• Obtenção de quantitativos bem detalhados, adequados para compor orçamentos executivos ou listagens para o setor de compras de suprimentos	
500	• *As build*	• Custos para gestão da manutenção da edificação (FM – *facilities management systems*)	

Fonte: Adaptado de ABDI (2017).

Lembrando que na construção civil há serviços com regras para medição, isso deriva em dois tipos de quantitativos: o de materiais e equipamentos, que oferece o quantitativo físico real com suas medidas líquidas; e o de serviços, com critérios de medição agrupados. O cálculo de consumo de material é feito pelo primeiro, mas os pagamentos pelos serviços realizados são fundamentados neste segundo.

No processo BIM, os serviços podem ser associados aos objetos e em alguns casos a "camadas de materiais", mas na maior parte dos softwares de projeto é difícil criar exceções para classificações e especificações. Uma saída sugerida pelo guia da ABDI (2017) é incluir parâmetros nestes objetos de modo que seja possível filtrar os elementos onde é necessário um critério alternativo, que serão identificados por este novo campo de parâmetro. Para isso, é necessário um domínio aprofundado da ferramenta e dos critérios de medição a serem considerados. É importante atentar que tais critérios podem variar de acordo com a construtora/contrato, ou mesmo de acordo com as equipes contratadas para a execução dos serviços. Os *templates* ou gabaritos de projetos precisam ter suas tabelas quantitativas com as fórmulas adaptadas aos critérios exigidos em cada caso específico.

Destaca-se que o método de modelagem deve atender às necessidades desse uso. Por exemplo, os elementos deverão ter seu parâmetro/propriedade conforme a necessidade de quantificação. A adoção de critérios de medição, comum nos orçamentos analíticos ou executivos e vinculados aos projetos de produção (ND 400), podem exigir que elementos sejam subdivididos e ocasionalmente até denominados de modo diferente para permitir o uso de diferentes unidades de medição.

A ABDI (2017) recomenda, para facilitar a execução do orçamento 4D, que parâmetros que descrevam o código *Work Breakdown Structure* (WBS) ou Estrutura Analítica do Projeto (EAP), e o setor (trecho da obra onde deve ocorrer o serviço) sejam previamente associados aos componentes BIM. Estes campos serão preenchidos apenas por ocasião do orçamento e planejamento, mas devem existir na estrutura de dados dos componentes e seu preenchimento deverá considerar as variações de instância deste componente.

Em seu livro, *The BIM Handbook*, Eastman et al. (2008) mencionam três opções as quais os profissionais podem recorrer:

A. Exportar quantitativos de objetos da edificação para um software de orçamentação.
B. Conectar a ferramenta BIM diretamente ao software de orçamentação.
C. Usar uma ferramenta BIM de levantamento de quantitativos.

A seguir será brevemente explicitado cada ponto, segundo o autor.

A Exportar quantitativos de objetos da edificação para um software de orçamentação

O orçamentista pode optar por extrair e quantificar propriedades dos componentes BIM para planilhas ou banco de dados externo. Eles citam que existem diversos pacotes comerciais para orçamentação, alguns muito específicos para certos tipos de trabalho, entretanto, até aquele momento, a ferramenta de orçamentação mais utilizada era o MS Excel.

Planilhas Excel têm sido o processo mais comum para exportar dados específicos a serem utilizados em um aplicativo externo. Por meio delas é possível, por exemplo, conectar quantitativos a cronogramas e a programas para 4D e 5D. Contudo, existem algumas limitações, a saber: (1) capacidade de dados; (2) fragilidade na segurança dos dados; (3) não é possível modificar um novo elemento no modelo ou criar um novo parâmetro para algum elemento. Qualquer mudança deve ser iniciada no modelo BIM, refazendo-se todo o processo de exportação; e (4) processos rígidos e necessidade de pessoal qualificado, com capacidade de reconhecer e corrigir falhas no procedimento.

As planilhas Excel podem ser substituídas por conexões com banco de dados tipo Access ou SQL via .csv ou .txt, estes se diferem apenas na possibilidade de ter vínculo e permitir o uso de formulários que conferem mais confiança aos processos, além de serem ilimitados.

Segundo ABDI (2017) optando por conexões por planilhas ou arquivos .csv ou .txt, é importante determinar em um procedimento formal o fluxograma de conexão dos dados e os formatos a serem utilizados. A partir do modelo são geradas as listas de quantitativos com todos os seus componentes classificados, que são então exportados para planilhas organizadas conforme as diretrizes do planejamento/orçamento. Estas planilhas são exportadas para o aplicativo de cronograma e para o sistema de orçamento, podendo ser posteriormente integradas ao sistema de gerenciamento da empresa (ERP[4]).

Os softwares de projeto, tais como REVIT, ARCHICAD, BENTLEY, VECTORWORKS, entre outros, têm ferramentas que permitem efetuar diretamente os levantamentos de quantitativos, tendo cada um as suas limitações e peculiaridades.

Os serviços podem ser associados a objetos[5] ou a componentes[6] do objeto (camadas de material), derivando em métodos de quantificação diferentes. Por isso, nos softwares de projeto são necessárias diversas tabelas para obter o quantitativo total da obra.

Segundo ABDI (2017) existem dificuldades de automatizar alguns levantamentos. Conforme o critério de medição, é comum que eles sejam finalizados em uma planilha externa, onde podem ser utilizadas fórmulas mais complexas. Assim, é importante que esta planilha externa seja vinculada ao modelo para ser facilmente atualizada quando ocorrer alguma alteração de especificações ou mesmo na solução do projeto. Como são levantamentos trabalhosos, que exigem procedimentos específicos e alterações na modelagem básica (como no caso de elementos tipo "faixa"), a elaboração de quantitativos com critérios de medição deve se dar

---

4. Planejamento de recurso corporativo, no Brasil; ou Planeamento de recurso corporativo; em Portugal, (*Enterprise Resource Planning* – ERP) é um sistema de informação que integra todos os dados e processos de uma organização em um único sistema.
5. Objeto: "qualquer parte do mundo perceptível ou concebível; objeto da construção de interesse e relevante no contexto do processo de construção" (ABNT ISO 12006-2; 2018).
6. Componente: "componentes destinados a serem usados como recurso da construção" (ABNT ISO 12006-2; 2018). Segundo ABDI (2017) são blocos básicos a partir dos quais os modelos em BIM são construídos. Representam todos os tipos de objetos que integram uma construção, são exemplos: vigas, pilares, lajes, pisos, paredes e forros, portas e janelas, tubos, conexões e dutos, mobiliário e equipamentos.

após a consolidação do projeto, durante a preparação do planejamento da obra.

B Conectar a ferramenta BIM diretamente ao software de orçamentação

A segunda opção sugerida por eles é a utilização de plug-in, ou seja, ferramenta desenvolvida por terceiros que é instalada na ferramenta BIM a ser utilizada. Ao utilizar esses plug-ins é possível fornecer informações aos modelos de forma a obter informações de quais passos e recursos são necessários para a construção do mesmo, além de informações como, mão de obra, equipamentos, matériais e gastos com tempo e custos associados. Como se pode perceber, o uso de plugins gera resultados mais aproximados com o que pudesse ser chamado orçamento, dado que apenas a extração de quantitativos é apenas uma das etapas da orçamentação.

São exemplos de plugins, como *Sigma Estimates*, QTO, ROOMBOOK, BIM *to* Excel, entre outros, podem possibilitar mais produtividade, gerando associações entre as tabelas do software de projetos e planilhas externas, por exemplo. Sendo possível estabelecer as diversas tabelas ou, em alguns casos, conectar com bases externas de orçamento que podem indicar a classificação e especificação detalhada de cada componente. Ressalta-se que devem ser usados com cuidado, pois alguns também podem ser limitados, às vezes gerando informações incompletas ou mal organizadas por não ponderarem todos os parâmetros necessários.

C Usar uma ferramenta BIM de levantamento de quantitativos

Os autores sugerem o uso de ferramentas especializadas para extração de quantitativos por meio da conexão a ferramentas BIM. O uso de ferramentas específicas permite uma economia de tempo ao orçamentista, dado que não existe a necessidade deste profissional dominar várias ferramentas BIM, somente a de extração. Além disso, elas permitem levantamentos manuais, utilizada para verificações e conferências.

Os softwares externos como SOLIBRI e o NAVISWORKS de verificação e coordenação, também podem gerar quantitativos. São capazes de trabalhar com certos formatos de arquivo proprietários ou com arquivos IFC,[7] de processar todos os objetos modelados e distinguir parâmetros, permitindo melhor organização. Em alguns casos, é possível atribuir classificação diretamente por eles, dispensando a necessidade de classificar dentro do modelo. Ressalta-se que é importante garantir, em caso de exportação em IFC, que todos os parâmetros tenham sido incluídos e que este modelo não apresente erros de geometria, gerando não conformidades no quantitativo.

Importante salientar que o objeto e suas respectivas modificações sejam conectadas a tarefas apropriadas de orçamentação.

10.3 Vantagens do uso

Diversos autores, entre eles Stanley e Turnell (2004), Eastman et al. (2008), Olatunji et al. (2010), Pennanen et al. (2011), CBIC (2016) e Lima (2018), apontam diversas vantagens/benefícios de utilização do BIM para orçamentação, a saber:

- Possibilidade de atualizar e mudar as quantidades rapidamente.
- Melhora a eficiência de extração de quantitativos durante a estimativa orçamentária.

---

7. IFC (Industry Foundation Class) requisitos para objetos virtuais e estrutura lógica para inter-relacionamentos conforme definido pelas normas ISO, como exemplo, destacamos: ISO 16354:2013 Guidelines for knowledge libraries and object libraries; ISO 16757-1:2015 Data structures for electronic product catalogues for building services – Part 1: Concepts, architecture and model; ISO 16757-2:2016 Data structures for electronic product catalogues for building services – Part 2: Geometry; ISSO 19650-1 Information management using building information modelling – Part 1: Concepts and Principles; ISO 19650-2 Information management using building information modelling – Part 2- Delivery phase of the assets; ISO 22263:2008 Organization of information about construction works – Framework for management of project information; ISO 29481-1:2016 Building information models – Information delivery manual – Part 1: Methodology and format; ISO 29481-2:2012 Building information models – Information delivery manual – Part 2: Interaction framework; ISO/TS 12911:2012 Framework for building information modelling (BIM) guidance.

- Ao utilizar o BIM para estimativas de quantitativos, torna mais rápida a percepção de fatores do projeto que devem ser reajustados para melhor elaborar uma proposta de custo adequada e eficiente.
- Uso de ferramentas BIM eleva o grau de precisão do levantamento desses quantitativos.
- Vantagem de compatibilização do projeto desde o início.
- Extrair relatórios precisos de quantidades de materiais e realizar revisões rapidamente quando necessário (revisões ou modificações).
- Concorre para que os custos sejam mantidos dentro das restrições do orçamento, facilitando a realização de novas estimativas de custos com rapidez e precisão, durante a progressão do projeto.
- Melhora a representação visual do projeto e dos componentes construtivos que precisam ser estimados: levantamento de quantidades e precificação.
- Fornece informações sobre os custos ao proprietário durante as fases iniciais do projeto, apoiando os processos de especificação e tomadas de decisões.
- Permite dirigir o foco para atividades de estimativas que realmente adicionam valor ao projeto, como a identificação de possíveis pré-montagens construtivas, a geração dos preços, e a identificação dos riscos. Já que o levantamento de quantitativos é automático, isso é essencial para o desenvolvimento de estimativas de alta qualidade.
- Possibilita avaliação de diferentes opções de design e conceitos, dentro do mesmo orçamento definido pelo proprietário.
- Libera tempo dos orçamentistas, possibilitando que eles foquem seus esforços em itens mais relevantes do trabalho de desenvolvimento de estimativas, já que as quantidades são obtidas automaticamente.
- Permite a determinação dos custos de objetos específicos com rapidez e precisão.

10.4 Desvantagens do uso

Segundo Forgues e Iordanova (2010), as tecnologias para estimar custos não são maduras o suficiente. Para Forgues et al. (2012),

Stanley e Turnell (2014) e Lima (2018), existem as seguintes desvantagens/dificuldades:
• Escolha da combinação certa entre os softwares ou aplicativos BIM para orçamentação.
• Questões com a interoperabilidade entre os softwares e problemas em transferência de dados de vários aplicativos.
• Necessidade de uma extensiva lista de conferência para verificar os dados extraídos, o que reduz o ganho de eficiência.
• Necessidade que o profissional seja experiente para trabalhar com gerência de custo com auxílio do BIM.
• Relação a lucro que a implantação do processo BIM se fragiliza no contexto de mercado brasileiro, como citado pela CBIC (2016): "se comparada com mercados mais maduros, as margens de lucro dos empreendimentos da construção civil no Brasil ainda são relativamente altas e os erros e desperdícios, mesmo que elevados, já se encaram como incorporados aos orçamentos, e, historicamente, acabaram sendo aceitos pela indústria".
• Os requisitos do modelo que devem ser informados pelo projetista ao orçamentista, para que a estimativa de custos seja a mais precisa possível, já que se pode afirmar que o procedimento de modelagem é a etapa que mais exige tempo dentro do fluxo de trabalho com ferramentas BIM. Nessa etapa são demandadas informações que serão utilizadas por todos os outros profissionais envolvidos na entrega final do produto.
• Os investimentos com software, treinamento de equipe para trabalhar com um novo processo e com o software, tempo não produtivo da empresa para capacitação, além da elaboração de um novo fluxo de trabalho, pode não ser vantajoso em relação ao preço do serviço.

10.5 Processo de orçamentação por meio do BIM

Pode-se citar as etapas para o processo de orçamentação por meio do BIM:
1. Verificação do modelo referente a qualidade das informações
   a. Todos os elementos, bem como componentes e equipamentos que compõem o modelo estão corretamente classificados de acordo com o sistema de classificação adotado no

empreendimento, conforme estabelecido nas normas técnicas[8] (ABDI, 2017).

b. Todos os elementos, componentes e equipamentos que compõem o modelo estão especificados de acordo com as regras e critérios de medição definidos para o empreendimento, inclusive quanto aos parâmetros que devem ser incluídos nos componentes BIM (ABDI, 2017).

c. A modelagem deste conjunto de projetos está consistente e sem conflitos (ABDI, 2017).

Sugere-se que o orçamentista desenvolva um check-list para a verificação do modelo. A título de exemplo, o Quadro 10.2 apresenta a lista de verificação desenvolvida por Lima (2018).

2. Quantitativos organizados

Recomenda-se que os quantitativos devam ser levantados apreciando a organização das tabelas necessárias para o planejamento e controle da obra, bem como o método a ser utilizado neste monitoramento.

Usualmente são esperados os seguintes quadros de quantitativos: (1) Quantidades por ambiente; (2) Quantidades por pavimento; e (3) Quantidades por composições de serviços.

Atenção aos serviços da obra que não costumam estar representados no modelo BIM, como, por exemplo, equipamentos temporários como os de montagens, uma "ligação provisória de energia" ou procedimentos administrativos em geral, que possuem custos associado e devem constar no planejamento. Sugere-se que pode ser desenvolvida uma modelagem destes elementos e eles serão inseridos em arquivo próprio, conjugado com os demais arquivos BIM que compõem o arquivo federado.

3. Orçamento de serviços e materiais

---

8. ABNT 15965 – Sistemas de classificação da informação da construção: Parte 1 – Terminologia e classificação (2011); Parte 2 – Características dos objetos da construção (2012); Parte 3 – Processos da Construção; Parte 4 – Recursos da construção; Parte 5 – Resultados da construção; Parte 6 – Unidades da construção; Parte 7 – Informação da construção (2015).

QUADRO 10.2. **Elementos da EAP resumidos de forma a facilitar a checagem durante a modelagem**

Elemento a ser modelado	*Check list* dos parâmetros
Paredes de alvenaria:	Qual tipo de bloco
	Qual tamanho do bloco
	Categorizar a área da parede em função da área
Contrapiso	Qual espessura da camada de contrapiso
	É aderido ou não aderido
	Modelado separado da camada de revestimento
Revestimento do piso	Qual a dimensão da cerâmica utilizada
	Categorizar em função da área
	Camada de revestimento separada da parede
Soleiras	Qual o material da soleira
	Qual a largura da soleira
	Parâmetro de comprimento
	Camada de revestimento separada do piso
Paredes de drywall	Qual tipo de face: simples ou dupla
	Qual tipo de guia: simples ou dupla
	Fez uso ou não de lã mineral de rocha no interior da parede
Portas	Qual o material da porta
	Qual o tamanho da porta
	Qual forma de abertura: de correr, de abrir
	Qual a quantidade de folhas
	Parâmetro de área em função da altura e comprimento
Janelas	Qual a tipologia da janela: basculante, duas folhas etc.
	Qual o tipo de material: aço, alumínio, madeira
	Possui vidros ou não
	Parâmetro de área em função da altura e comprimento da janela
Vergas e contravergas	É pré-moldada ou *in loco*
	Se moldada *in loco*, é de concreto ou blocos canaleta
	Para qual elemento é a verga: porta ou janela
	Qual o vão desse elemento

(Continua)

QUADRO 10.2. **Elementos da EAP resumidos de forma a facilitar a checagem durante a modelagem** *(Cont.)*

Elemento a ser modelado	*Check list* dos parâmetros
Alizar	Qual tamanho de porta pertencerá o alizar
	Modelado em categoria de porta
	Identificar família como Alizar
	Na modelagem e identificação do Tipo incluir o tamanho da porta ao qual pertencerá
Revestimento em gesso	Categorizar em função da área
	Qual a espessura
	Fez uso de taliscas
	Camada de revestimento separada da parede
Revestimento em granito-Fachada	Qual a espessura
	Possui juntas de dilatação
	Possui rejunte
	Camada de revestimento separada da parede
Telhamento	Qual o tipo de telha
	Qual a inclinação das águas
	Qual a quantidade de águas

Fonte: Lima (2018).

O alicerce para obtenção de um orçamento é a conexão entre os quantitativos e as composições unitárias. Para isto se institui um vínculo entre o material mais relevante no processo construtivo em questão e o banco de dados de composições, como o Sinapi.

O BIM é um sistema dirigido a objetos desde sua concepção e admite a agregação de valores de custos a cada objeto individual. Contudo, ainda não existem bases de dados que considerem este enfoque, visto que os sistemas de controle de custos usuais não chegam a este nível de detalhe.

Serão apresentados dois exemplos de aplicação, feito por Lima (2018): o primeiro refere-se à extração realizada diretamente no Revit e exportação para planilhas Excel e o segundo com o uso de aplicativo de orçamento com plugins do Revit, o *Sigma Estimates*.

10.6 Diretrizes de modelagem para obtenção dos custos a partir do banco de composições do SINAPI

10.6.1 Árvore de fatores

A organização das informações que fazem parte da composição de custo do SINAPI se dá através de um desmembramento das características do serviço chamado pela Caixa Econômica Federal (CEF) de "árvore de fatores", a qual prevê a identificação de fatores que impactam na produtividade (mão de obra e equipamentos) e consumo de materiais (FDTE, 2013). Desta forma, as composições são organizadas em grupos, e hierarquizadas na forma de raiz com base em fatores relevantes, semelhante a uma rede de composições.[9] Esta metodologia fornece composições mais precisas, porém eleva a complexidade na utilização do SINAPI e o número de composições no banco de dados. Na Figura 10.2 mostra-se uma árvore de fatores típica.

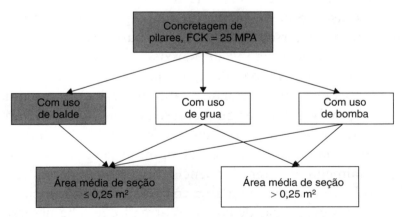

Figura 10.2. Árvore de Fatores para concretagem de pilares.
Fonte: CEF (2015).

---

9. Esta estruturação foi proposta inicialmente por Marchiori (2009).

Desta forma, a apresentação de qualquer método para geração de orçamento de referência integrado a um modelo BIM deve obrigatoriamente prever a necessidade de se considerar a nova metodologia de árvore de fatores do SINAPI como diretriz básica.

10.6.2 Técnicas de Modelagem

Embora a forma de modelagem possa variar entre os softwares, existem diretrizes básicas que facilitam o processo posterior de orçamentação e vinculação ao SINAPI. Estas diretrizes foram apresentadas por Felisberto (2017).

A primeira é modelar os elementos das categorias de piso e forro sempre independentes por ambiente. Isso permitirá obter as áreas dos ambientes e associar diversos serviços como contrapiso, piso, lajes, forros, rodapés, impermeabilização de pisos e paredes etc., a um único elemento, com eventuais ponderações. Ao menos uma categoria de família de piso para todos os serviços acima da laje; uma categoria de piso estrutural para representar a laje; e uma categoria de forro para representar os serviços abaixo da laje, como chapisco, emboço, pintura, forro de PVC etc.

Para a modelagem de paredes, é desejável ao menos modelar três justapostas, para revestimento externo, interno e alvenaria central. Em alguns casos, pode ser desejável ainda que os elementos sejam seccionados nas intersecções com outras paredes, para que a área seja computada por "pano" de parede. Esta ação normalmente não causa influência nas paredes que representam os revestimentos internos, pois eles são seccionados automaticamente nas mudanças de direção. Nas paredes que representam a alvenaria central, a influência só é relevante se houver paredes extensas sem mudanças de direção. Nas paredes que representam os revestimentos externos, normalmente não terá influência, pois muitos desses serviços no SINAPI não consideram a área como fator de influência.

No caso das estruturas de concreto armado, não há necessidade de maiores cuidados. O volume de concreto e área de fôrmas e escoramento são obtidos com base na geometria modelada. O aço pode ser obtido por uma taxa vinculada ao volume de concreto ou simplesmente informado, caso tenha sido calculado fora do modelo, em programas de cálculo estrutural.

Outros elementos como aberturas também dispensam maiores cuidados. A simples modelagem, até mesmo em um LOD mínimo como 190, será suficiente para se obter a contagem dos elementos e sua área e, destes dois parâmetros, obter-se serviços como fundos, pintura e as próprias aberturas. Também é possível obter outros serviços como vergas e contravergas utilizando o parâmetro de largura das aberturas, com a devida edição dos acréscimos em fórmulas.

10.6.3 Parâmetros de Texto

O uso de parâmetros de texto no modelo BIM é uma forma simples para elaborar orçamentos observando a nova árvore de fatores do SINAPI, sendo preferível a criação de vários parâmetros em detrimento à modelagem de muitos elementos. Estes parâmetros podem servir para indicar a presença ou não de vãos, a especificação dos substratos e revestimentos de paredes, pisos, forros, coberturas, ou mesmo especificação de outros elementos, como portas ou janelas. A grande vantagem do emprego de parâmetros é simplificar a modelagem pelo projetista e permitir a posterior aplicação de filtros pelo orçamentista, com base nos parâmetros de texto informados pelo usuário e os de geometria presentes no modelo, de forma igual à árvore de fatores do SINAPI, simplificando a modelagem e facilitando o processo de orçamentação.

Desta forma, a utilização de parâmetros de texto para indicar fatores de produtividade, especificação de materiais e até mesmo o nome do elemento, como porta tipo P1, P2 etc., são suficientes para se obter os quantitativos dos serviços representativos observando a metodologia de árvore de fatores do SINAPI, podendo o orçamento e serviços vinculados aos serviços representativos serem finalizados em um editor de planilhas convencional.

Finalmente, na Tabela 10.3 é apresentada uma sugestão de criação de parâmetros básicos, os quais guardam relação com as árvores de fatores do SINAPI, podendo ser suprimidos, editados ou acrescidos conforme o caso.

Espera-se que, desta forma, os orçamentos de obras públicas utilizando como base a modelagem BIM possam ser facilitados.

TABELA 10.3. **Sugestão de parâmetros com base na árvore de fatores do SINAPI**

Categoria dos Elementos	Nome do Parâmetro	Lista Suspensa
Paredes (alvenaria e revestimento)	Possui vão:	Sim ou não
	Tipo de revestimento:	Cerâmica até teto Cerâmica meia altura Pintura PVA Pintura acrílica
	Tipo de substrato	Chapisco Massa única Emboço
Pisos (azulejo, contrapiso, impermeabilização, piso estrutural)	Tipo de área:	Área seca ou molhada
	Possui impermeabilização;	Sim ou Não
	Tipo de contrapiso	Comum Acústico Autonivelante
	Espessura	3 cm 4 cm 5 cm 6 cm 7 cm
Forro	Tipo de forro:	PVC Madeira Metálico Placas de gesso Drywall ou acartonado
	Tipo de substrato	Chapisco Massa única Emboço
Laje	Tipo de laje	Pré-moldada Maciça ou nervurada Qualquer tipo de laje

Fonte: Autor

Exemplo 1

Na aba View, no modo 3D, no botão **Schedule** (Tabelas), seleciona-se: Schedule/Quantities (Tabelas e Quantitativos), como demonstrado pela Figura 10.3.

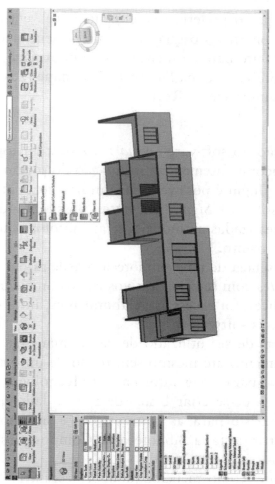

FIGURA 10.3. Interface Revit manipulação das Tabelas de Quantitativos – Passo 1.

Em seguida, seleciona-se na categoria a opção Window (Janela), e depois, ok, como mostra a Figura 10.4.

Na janela apresentada na Figura 10.5, selecionam-se os campos, Type, Height, Width:

Em seguida, no ícone com símbolo de função (*Add Calculated Parameter*) preenche-se da maneira como demonstrado na Figura 10.6.

Este último passo poderia ser feito no Excel, entretanto, para a extração automática do quantitativo, apresentou-se a maneira como deve ser feito para a obtenção desta informação.

A seguir é apresentada, na Figura 10.7, a maneira como a tabela é fornecida na interface do Revit.

Exemplo 2

A orçamentação no software *Sigma Estimates* iniciou-se por sua instalação concomitantemente a instalação do plugin do software Revit. Com o plugin é possível criar um link real entre o modelo no Revit e o software *Sigma Estimates*, possibilitando que todas as alterações realizadas no modelo, sejam automaticamente modificadas no orçamento.

Devido à ausência de uma biblioteca brasileira para o Software *Sigma Estimates* com seus respectivos custos unitários, suas composições e índices, foi necessário elaborar uma antes de realizar o link entre os dois softwares.

O software pode ser utilizado de várias maneiras, podendo-se criar um orçamento até mesmo sem o uso de um projeto com o qual se conecte para obter informações (Tecnologia BIM), como o Revit. Nele pode-se criar Listas de Preço, dado que a mesma também não existe para as composições e insumos da Tabela Sinapi e, a partir desta, a Biblioteca de Composições com os respectivos custos.

Primeiramente, como mencionado, foi necessária a elaboração da Lista de Preços, por não existir uma brasileira. Na compra do software é fornecido uma Base de dados nomeada RS Means Database, a qual contém uma Lista de Preços e uma Biblioteca de Composições. Ela pode ser configurada para outros países, mas não há para o Brasil.

Orçamento e o BIM 239

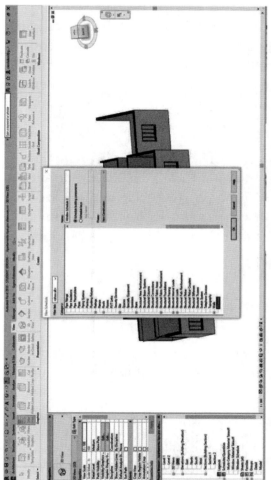

FIGURA 10.4. Interface Revit manipulação das Tabelas de Quantitativos – Passo 2.

240 Conhecendo o Orçamento de Obras

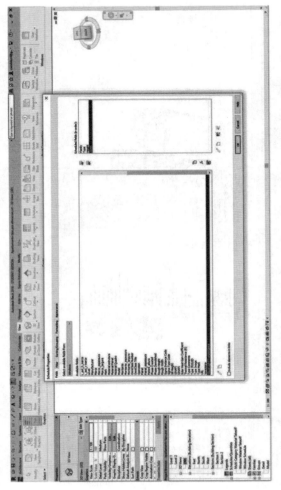

FIGURA 10.5. Interface Revit manipulação das Tabelas de Quantitativos – Passo 3.

Orçamento e o BIM 241

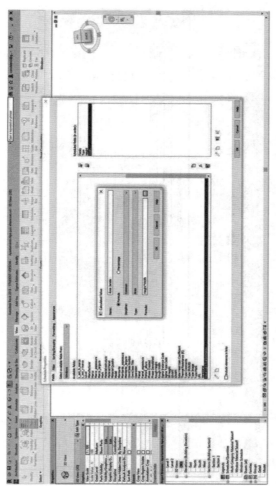

FIGURA 10.6. Interface Revit manipulação das Tabelas de Quantitativos – Passo 4.

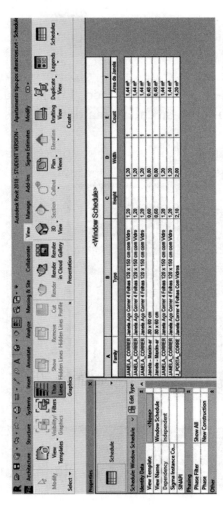

FIGURA 10.7. Interface Revit manipulação das Tabelas de Quantitativos – Tabela Final.

Para a elaboração desta lista, foi configurada no Excel uma tabela contendo na primeira coluna o código Sinapi, na segunda a Descrição da Composição ou Insumo referente aquele código. Na terceira coluna foi fornecida a unidade e na última, o custo unitário. O arquivo deve ser salvo no formato .CVS (separado por vírgula) para que possa ser lido pelo Software.

Em seguida, no software *Sigma Estimates* na aba Library clicou-se no botão Price Library settings, onde aparece a janela mostrada na Figura 10.8.

Nela seleciona-se no tipo de arquivo o tipo ".cvs (separador de vírgula)" e nomeia-se a Lista de Preço. Em seguida, importa-se o arquivo salvo e configura-se cada uma das colunas de acordo com o seu significado:
• Coluna 1, referente ao Código Sinapi como **Number**.
• Coluna 2, referente a descrição da Composição ou Insumo como Text.
• Coluna 3, referente a unidade, como Unit.
• Coluna 4, referente ao custo unitário, como Unit Cost.

Depois, clica-se em OK e está pronta a Lista de Preços. Feito isso, é necessário configurar o Software com essa Lista. Para isso, clica-se na aba Library e a lista criada aparecerá, em seguida abrirá uma janela com a lista, como pode ser visualizada nas Figuras 10.9 e 10.10.

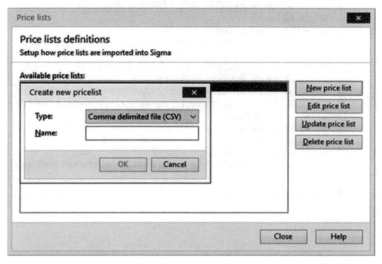

FIGURA 10.8. Criando a Lista de Preços no *Sigma Estimates*.

FIGURA 10.9. Categorias da Biblioteca de Composições Sinapi para *Sigma Estimates*

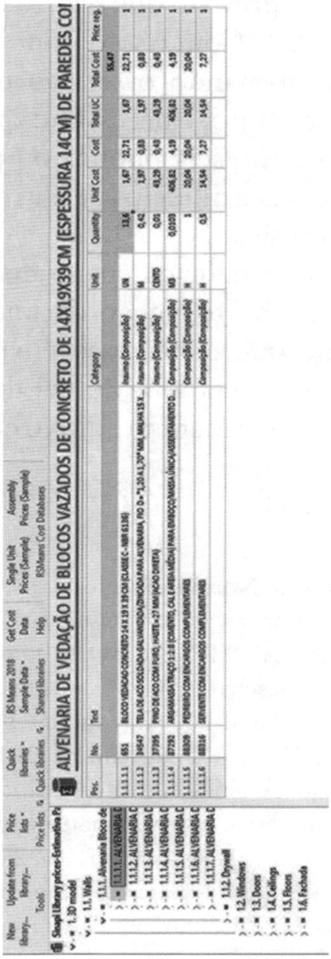

Orçamento e o BIM 245

FIGURA 10.10. Biblioteca *Sigma Estimates* segundo Composições Sinapi.

No Brasil, o Plano Brasil maior e o Decreto 9377 (BRASIL, 2018) descreve todas as suas medidas de fomento para a construção civil para a área de inovação por meio da implementação da tecnologia BIM no sistema de obras, além de difundir e complementar a normatização brasileira para o BIM. Salientando que no Reino Unido já obrigatório.

No contexto brasileiro é previsto que ocorra essa implementação em obras públicas até 2021. Com isso diminuiria a probabilidade de aditivos contratuais, tornando o serviço mais transparente e justo com o cliente. No entanto, é necessário que haja incentivos a iniciativas de implementação, seja pública ou privada, para a elaboração de diretrizes, regras e modelos de entregas que direcionem os profissionais nessa transição.

É límpido que um dos benefícios em se aplicar o processo de orçamentação em BIM, é a atenuação de imprevistos durante a execução da obra, dado que o processo envolve, além da compatibilização dos projetos, a elaboração fiel do orçamento. Desta maneira, a necessidade de oferecer um aditivo contratual ao cliente, diminui.

Referências

ABNT (Associação Brasileira de Normas Técnicas). (2010) Construção de edificações: organização de informação da construção. Parte 2, Estrutura para classificação de informação. ABNT NBR ISO 12006-2.

ABDI (Agência Brasileira de Desenvolvimento Industrial). (2017) Processo de Projeto em BIM: Coletânea ABDI-MDIC, volumes 1 a 6, Brasília, DF.

BRASIL. (2018) Decreto 9377, de 17 de maio de 2018. Institui a Estratégia Nacional de Disseminação do Building Information Modelling. Executivo. Brasília, DF.(Disponível em: http://www.planalto.gov.br/ccivil_03/_ato2015-2018/2018/decreto/D9377.htm, Acesso: fevereiro, 2019).

CBIC. (2016) Implementação BIM – Parte 2: Implementação do BIM para Construtoras e Incorporadoras/Câmara Brasileira da Indústria da Construção – Brasília: CBIC. Coletânea.

CEF. (2015) Ministério da Fazenda. Cadernos Técnicos de Composições Para: Concretagem para estruturas de concreto armado. Lote 1. Versão 1: Caixa. Brasília.

Eastman, C. et al. (2008) BIM Handbook: A guide to building information modelling for owners, managers, designers, engineers and contractors. Indianápolis: Wiley Publishing.

Felisberto, A.D. (2017) Contribuições para Elaboração de Orçamento de Referência de Obra Pública Observando a Nova Árvore de Fatores do SINAPI com BIM 5D - LOD 300. Florianópolis, SC: PPGEC/ECV/UFSC, Mestrado em engenharia civil. 231p.

FDTE. Fundação para o Desenvolvimento Tecnológico de Engenharia. Universidade de São Paulo. (2013) Fundação faz aferição das composições de serviços do SINAPI para CEF. Boletim Informativo da FDTE - Fevereiro de 2013 Número 01 - Ano I. Disponível em: <http://www.fdte.org.br/_receivedfiles/pdf/1ksPXqFDTE_Informa_01.pdf>. Acesso em: 28 ago. 2016.

Forgues, D. et al. (2012) Rethinking the cost estimating process through 5D BIM: A case study. Congresso. Construction Research Congress. 2012©ASCE.

Forgues and Iordanova, Forgues, D.; Iordanova, I. (20100 An IDP-BIM framework for reshaping professional design practices. Congresso. Construction Research Congress.

Lima, C.M.B. (2018) Como elaborar orçamento utilizando processo BIM. Brasília, DF: ENC/FT/UnB, Engenharia Civil.

Olatunji, O.A.; Sher, W.; Gu, N. (2010) Building information modelling and quantity surveying practice. Emirates Journal for Engineering Research, vol. 15, n. 1.

Pereira, S.F.; Ribeiro, S.A. (2018) Uso de ferramenta BIM para levantamento de quantitativo. ENEBIM – Encontro Nacional de Ensino em BIM, Campinas, São Paulo.

Rushel, R.C.; Crespo, C. (2007) Ferramentas BIM: um desafio para a melhoria no ciclo de vida do projeto. Congresso. III Encontro de Tecnologia de Informação e Comunicação na Construção Civil, Porto Alegre.

Stanley, R.; Thurnell, D. (2014) The Benefits of, and Barriers to, implementation of 5D BIM for quantity surveying in New Zealand. Australasian Journal of Construction Economics and Building.

Succar, B. (2009) Building information modelling framework: A research and delivery foundation for industry stakeholders. University of Newcastle, Australia.

Vitásek, S.; Matějka, P. (2017) Utilization of BIM for automation of quantity takeoffs and cost estimation in transport infrastructure construction projects in the Czech Republic. IOP Conf. Series: Materials Science and Engineering.

Capítulo 11
Sobrepreços e sobreprazos

11.1 Introdução

Este último capítulo discorrerá sobre os conceitos e causas de sobrepreços e sobreprazos, a apreciação e a importância do cronograma físico-financeiro, além de apresentar a ferramenta Análise de Valor Agregado usada para monitorar e controlar os custos durante a execução da obra.

11.2 Causas de sobrepreços e sobreprazos

Antes de apresentar os conceitos de sobrepreço é necessário discorrer sobre uma prática comum em orçamentos, refere-se ao desbalanceamento.

O desbalanceamento refere-se as ações de aplicação não uniforme do BDI, preços mais altos para serviços que ocorrem no início da obra, quantidades mal dimensionadas ou que vão ser alteradas no decorrer da execução, falta de segurança no preço. Entretanto, estas ações têm efeitos opostos para o contratante e o contratado.

Para o contratado que executa a obra é uma maneira de aproveitar os quantitativos para majorar o lucro e faturamento. Já para o contratante é uma conduta prejudicial e ilícita.

Conforme apontado pelo Tribunal de Contas da União (TCU), o jogo de planilhas (como o desbalanceamento é conhecido no mercado) é uma das irregularidades mais encontradas em obras públicas auditadas.

O jogo de planilha ocorre quando a condição de equilíbrio econômico-financeiro se modificar de maneira a causar prejuízo ao contratante, causando uma redução do desconto original.

O resultado desta ação pode gerar sobrepreço e sobrefaturamento. Baeta (2012) define sobrepreço como um dano potencial, ainda não materializado, já o superfaturamento ocorre quando faturam-se serviços de uma obra com sobrepreço ou quando se fatura serviços que não foram executados ou com quantitativos medidos superiores aos que foram efetivamente executados, como consequência, um prejuízo consumado.

O mesmo autor classifica o sobrepreço como:

• Sobrepreço unitário: "definido como o valor resultado da diferença entre o preço unitário contratado ou medido e o preço unitário utilizado como paradigma de mercado para determinar os serviços" (BAETA, 2012).

• Sobrepreço global: representa o somatório do produto das quantidades contratadas de todos os serviços pela respectiva diferença com os preços de mercado.

• Sobrepreço final: é determinado a partir da soma do orçamento definido e todos os aditivos contratuais.

• Sobrepreço original: refere-se ao orçamento antes das alterações por aditamentos contratuais.

Existem duas situações que podem ocorrer o jogo de planilhas sendo uma durante o processo licitatório com projeto deficiente e sem critérios de aceitação dos preços ou quando há inclusão de serviços novos, sem previsão no orçamento original sem desconto em relação ao orçamento original e os demais serviços com desconto excessivo. Esta última é conhecida no mercado como "jogo de cronograma".

Para evitar o desbalanceamento, usa-se o fator κ (kappa) que "é a representação de um percentual de desconto linear que é aplicado sobre todos os serviços do orçamento base da licitação e sobre os novos serviços eventualmente incluídos por aditivo" (BAETA, 2012).

O TCU entende que esta prática não é citada pela Lei de Licitações 8.666/1993, porém para o uso do RDC (Regime Diferencial de Contratação) pela Lei 12.462/2011 aceita o uso do fator κ, para a modalidade de julgamento de maior desconto linear sobre todos os itens da planilha orçamentária.

O outro tipo de aditivo comum na construção civil é o aditivo de prazo, o sobreprazo. Os atrasos na finalização das obras relativamente às datas preestabelecidas em contrato geram prejuízo para os usuários e além da diminuição de rentabilidade para os promotores.

Autores como Gomes (2007), Santos (2015) e Costa (2017) apontam as principais causas identificadas para o aumento de prazo foram: (a) duração do contrato irrealista, (b) projetos com falhas ou incompleto, (c) falta de compatibilização dos projetos, (d) atrasos em revisões e aprovações de documentos pela contratante, (e) erros nos levantamentos de quantitativos/planilha, (f) erros na investigação do solo, (g) atrasos de pagamento às empreiteiras e (h) qualidade da mão de obra.

Para os agentes públicos executores devem fazer lista de verificação dos problemas de compatibilização que geralmente ocorrem, mantendo um histórico dos empreendimentos já realizados. Importante também que os itens ausentes ou em quantidades insuficientes em planilhas orçamentárias sejam indicados e cruzados em projetos futuros similares para evitar erros recorrentes. Os *check-lists* e verificações de projeto devem ser realizados pelos profissionais da entidade pública, já que a maioria dos aditivos contratuais tem origem na fase de projeto, fazendo com que a intervenção destes profissionais na fase de execução da obra tenha impacto praticamente zero na mitigação dos acréscimos de prazo e custo (SANTOS, 2015).

As mesmas recomendações de Santos (2015) podem ser aplicadas em obras privadas ou de incorporação. Para esta tipologia de obra o atraso máximo permitido por contrato é de 180 dias, após este período o empreendedor deverá pagar o valor referente ao aluguel do imóvel para os proprietários. Em outras situações, por exemplo, em obras de shopping, as multas previstas normalmente são bastante altas. Nos dois casos citados como exemplo a rentabilidade do investimento para o construtor é impactada.

11.3 Influência do orçamento no cronograma físico-financeiro

Nas obras de construção civil é usual a elaboração do documento conhecido como cronograma físico-financeiro onde o orçamento é o dado de entrada para distribuição física e financeira dos serviços em função do tempo.

O cronograma físico é o documento que estabelece o progresso esperado da obra. Após a definição do escopo entre contratante e contratada, e durante o planejamento, ele é preparado com base nos lotes de trabalho, já definidos previamente. Os dados históricos de trabalhos parecidos já realizados são levantados e levados em conta a duração do serviço.

O cronograma financeiro faz uma simulação da quantia que o contratante pretende desembolsar durante o andamento do projeto. Ele também é elaborado durante a fase do planejamento e tem como base principal o orçamento do projeto. Com as atividades já definidas, é necessário identificar o custo de cada um e observar quais recursos serão necessários para que o serviço seja entregue.

O cronograma físico-financeiro permite avaliar conjuntamente o avanço físico da obra e o quanto deveria ter sido gasto até o momento de avaliação. Este documento é importante tanto na fase de planejamento como na fase de monitoramento, sendo possível fazer um controle de custos, identificando os desvios no orçamento, permitindo, assim, uma rápida ação de contorno. Durante a execução de uma obra, ele é uma referência para o gestor acompanhar os custos e prazos planejados.

É possível considerar os prazos de execuções das etapas do projeto e os seus respectivos desembolsos financeiros, com isso o gestor pode se preparar financeiramente para não ter surpresas no fluxo de caixa.

A Figura 11.1 apresenta um exemplo de um cronograma físico-financeiro.

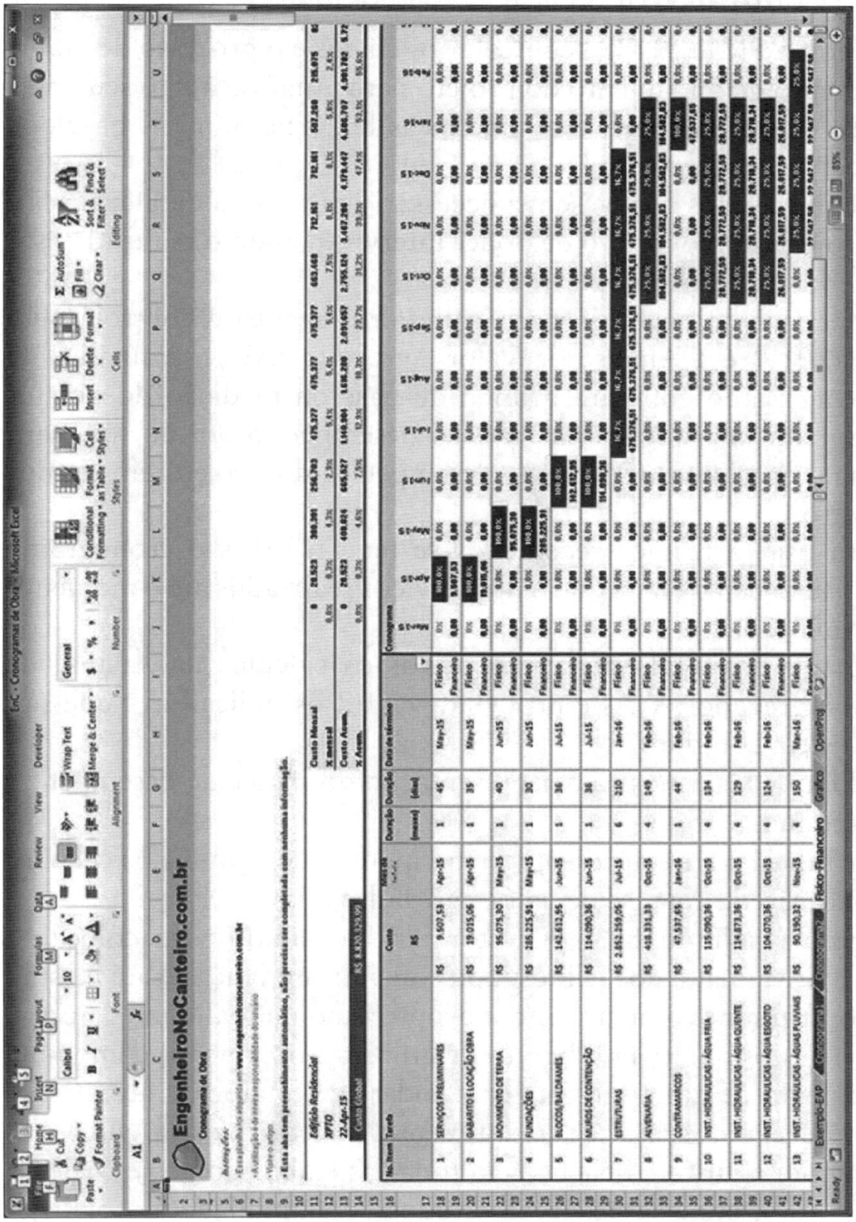

FIGURA 11.1. Exemplo de cronograma físico-financeiro de uma obra.
Fonte: Disponível em: http://engenheironocanteiro.com.br/cronograma-de-obras/B. Acesso: setembro 2018.

11.4 Controle e monitoramento do orçamento na fase de execução e encerramento de um empreendimento

Segundo o PMI (2017), "controlar os custos é o processo de monitoramento do andamento do projeto para atualização do seu orçamento e gerenciamento das mudanças feitas na linha de base dos custos".

O controle dos custos se faz necessário durante toda a execução do projeto com o intuito de poder intervir quando o realizado está diferente do planejado.

A ferramenta sugerida para o monitoramento e controle pelo PMI (2017) é a Análise de Valor Agregado (AVA). A análise de valor agregado compara a linha de base da medição do desempenho com o cronograma real e o desempenho dos custos, para formar uma linha de base do desempenho do projeto em termos de custo.

Para usar a técnica recomenda-se ter em mãos o cronograma físico-financeiro e a medição dos serviços realizados até o momento da avaliação.

No Quadro 11.1 são apresentados os cálculos da Análise de Valor Agregado (AVA) e no Quadro 11.2 os indicadores que são usados em conjunto.

A Figura 11.2 mostra a representação do índice de desempenho no término.

Na Tabela 11.1 é apresentado um modelo de planilha Excel para a aplicação da Análise de valor agregado.

Como resultado final o gestor terá subsídios para colocar a "obra novamente nos trilhos", ou solicitar mudanças e até mesmo elaborar um novo orçamento mais próximo da realidade da obra.

Se o gestor não tiver o hábito de utilizar o orçamento como uma ferramenta de gestão, o impacto poderá ser maior ou até mesmo irreversível em termos de investimento. Isso demonstra que o cuidado com o custo é benéfico em todas as etapas do projeto, desde a iniciação, onde se fazem os estudos de viabilidade, no planejamento da etapa de elaboração do orçamento, na execução com o monitoramento e controle e no encerramento com o registro das lições aprendidas para um novo projeto.

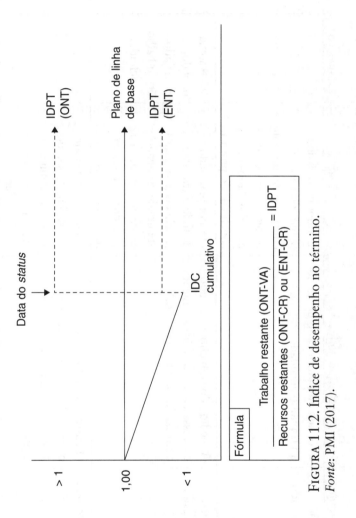

Figura 11.2. Índice de desempenho no término.
Fonte: PMI (2017).

QUADRO 11.1. Cálculos da análise de valor agregado

Análise de valor agregado

Abreviação	Nome	Definição do léxico	Uso	Equação	Interpretação do resultado
VP	Valor planejado	O orçamento autorizado designado ao trabalho agendado.	O valor do trabalho planejado para ser concluído em um ponto de tempo, em geral da data dos dados ou a conclusão do projeto.		
VA	Valor agregado	A medida do trabalho executado expressa em termos do orçamento autorizado para tal trabalho.	O valor planejado de todo o trabalho concluído (agregado) até um determinado momento, em geral a data dos dados, sem referência a custos reais.	VA – soma do valor planejado do trabalho concluído.	
CR	Custo real	O custo realizado incorrido no trabalho executado de uma atividade, durante um período específico.	O custo real de todo o trabalho concluído até um determinado momento, em geral a data dos dados.		
ONT	Orçamento no término	A soma de todos os orçamentos estabelecidos para a execução do trabalho.	O valor do trabalho total planejado, a linha de base dos custos do projeto.		

VC	Variação de custos	A quantidade de déficit ou excedente orçamentário em um determinado momento, expressa como a diferença entre o valor agregado e o custo real.	A diferença entre o valor do trabalho concluído até um determinado momento, em geral a data dos dados, e os custos efetivos no mesmo momento.	VC – VA – CR	Positiva – Abaixo do custo planejado Neutra – Com o custo planejado Negativa – Acima do custo planejado
VPR	Variação de prazos	A quantidade de atraso ou adiantamento do projeto em relação à data de entrega planejada, em um determinado momento, expressa como a diferença entre o valor agregado e o valor planejado.	A diferença entre o trabalho concluído até um determinado momento, em geral a data dos dados, e o trabalho planejado para ser concluído até o momento.	VPR – VA – VP	Positiva – Adiantada Neutro – No prazo Negativa – Atrasada
VNT	Variação no término	Uma projeção da quantidade do déficit ou do excedente do orçamento, expressa como a diferença entre o orçamento no término e a estimativa no término.	A diferença estima em custo na conclusão do projeto.	VNT – ONT – ENT	Postiva – Abaixo do custo planejado Neutra – Com o custo planejado Negativa – Acima do custo planejado

Fonte: PMI (2017).

QUADRO 11.2. Indicadores de desempenho da análise de valor agregado

IDC	Índice de desempenho de custos	Uma medida da eficiência dos recursos orçados, expressa como a relação do valor agregado para o custo real.	Um IDC de 1,0 significa que o projeto está exatamente dentro do orçamento e que o trabalho realizado até o momento é exatamente igual ao custo até o momento. Outros valores mostram a porcentagem de quanto os custos estão acima ou abaixo do valor do orçamento para o trabalho realizado.	IDC – VA/CR	Mais de 1.0 – Abaixo do custo planejado Exatamente 1.0 – Com o custo planejado Menos de 1.0 – Acima do custo planejado
IDP	Índice de desempenho de prazos	Uma medida de eficiência do cronograma expressa como a relação ao valor agregado.	Um IDP de 1,0 significa que o projeto está exatamente dentro do cronograma e que o trabalho realizado até o momento é exatamente igual ao trabalho planejado para conclusão até o momento. Outros valores mostram a porcentagem de quanto os custos estão acima ou abaixo do valor do orçamento para o trabalho planejado.	IDP – VA/VP	Mais de 1.0 – Adiantado Exatamente 1.0 – No prazo Menos de 1.0 – Atrasado

ENT	Estimativa no término	O custo total esperado de finalização de todo o trabalho, expresso como a soma do custo real atual e a estimativa para terminar.	Se o IDC está previsto como permanecendo igual até o fim do projeto, a ENT pode ser calculada usando: Se o trabalho futuro será realizado no ritmo planejado, usar: Se o plano inicial não é mais válido, usar: Se tanto o IDC como o IDP influenciam o trabalho restante, usar:	ENT − ONT/IDC ENT − CR + ONT − VA ENT − CR − EPT bottom-up ENT − CR + [ONT − VA)/(IDC × IDP)]
EPT	Estimativa para terminar	O custo esperado para finalizar o trabalho restante do projeto.	Pressupondo que o trabalho está prosseguindo em conformidade com o plano, o custo de concluir o trabalho autorizado restante pode ser calculado usando: Reestimar o trabalho restante de baixo para cima.	EPT − ENT − CR EPT − ReestimaR

Fonte: PMI (2017).

TABELA 11.1. Modelo de aplicação da Análise de Valor Agregado

	SERVIÇOS	Dados de Entrada			Índice de desempenho				Orçamento no término (ONT):	Tendências					Causas	Ações
		Valor previsto (VP):	Valor agregado (VA):	Custo real (CR):	Variação de custo (VC):	Variação de prazo (VPr)	Índice de desempenho de custo (IDC):	Índice de desempenho de prazo (IDP):		Estimativa para término (ENT)			Estimativa no término (ENT)	Variação no término (VNT)		
										Baseado no orçamento original (otimista)	Baseado no desempenho de custos (realista)	Baseado no desempenho de custos e prazo (pessimista) Nova estimativa				
1	Projetos e consultoria		3	1	1		3									
2	Despesas indiretas		3	1	0		3									
3	Administração da obra	1														
4	Serviços preliminares		2													
5	Movimentação de terra			3												
6	Fundações / contenções															
7	Estrutura	12	2	1	1	1	−10	2	0,166666667							
8	Paredes e painéis	1	2	3	−1	1	0,666666667	2								
9	Cobertura	3	2	1	1	−1	2	0,666666667	4	2	3	1,5	2	3	1		
10	Tratamentos e proteções	1	1	1	0	0	1	1								
11	Instalações elétricas	1	5	1	4	4	5	5								
12	Instalações hidráulicas 12	12	1			−11		0,083333333								

(Continua)

13	Instalações mecânicas	123		
14	Instalações de incêndio		15	
15	Instalações de ar condicionado		1235 12 6	3 1,25
16	Instalações de comunicação			
17	Instalações especiais			14
18	Esquadrias e peças metálicas			
19	Esquadrias de alumínio			
20	Esquadrias de madeira e ferragens			
21	Bancadas e louças			
22	Revestimentos internos de parede			
23	Revestimentos teto			
24	Revestimentos externos			
25	Pavimentação			
26	Rodapés, soleiras e peitoris			
27	Pintura interna			
28	Pintura externa			
29	Vidros			
30	Urbanização			
31	Complementação da obra			
32	Limpeza			

11.5 Exercício

1. Na construção de um prédio de classe média de 28 andares, cada andar custa exatamente 220.000 para ser construído, mais os custos de fundação na ordem de 600 mil (gasto no primeiro mês de obra) e a cobertura, que no total irá custar 350.000. O prazo da obra é de 18 meses e não pode haver erros!

No sétimo mês, você resolve fazer uma análise de valor agregado para verificar a situação do projeto. Foram construídos exatamente 5 andares no total até agora, consumiu-se uma verba de 1.400.000 reais. Sabe-se que houve problemas na fundação relacionados com a locação de máquinas, que acarretaram em 150.000 reais de custo. Qual a situação atual do projeto?

(Adaptado de https://www.elirodrigues.com/2013/09/22/gerenciamento-de-custos-exercicios-respondidos-de-valor-agregado/. Acesso: setembro 2018.)

Referências

Baeta, A.P. (2012) Orçamento e controle de preços em obras públicas. São Paulo: Editora Pini.

Costa, L.F. (2017) Sobrepreço e sobreprazo: um diagnóstico dos aditivos contratuais em obras escolares da secretaria de estado da educação de Santa Catarina. Trabalho de Conclusão de Curso de Graduação em Engenharia Civil da Universidade Federal de Santa Catarina.

Gomes, R.C.G. (2007) A postura das empresas construtoras de obras públicas da grande Florianópolis em relação ao PBQP-H. Dissertação (Mestrado em Engenharia Civil) Universidade Federal de Santa Catarina, Florianópolis. 173p.

Mattos, A.D. (2006) Como preparar orçamentos de obras. São Paulo: Editora Pini.

PMI (Project Management Institute). (2017) A Guide to the Project Management Body of Knowledge (PMBOK® Guide). 6th ed. PMI.

Santos, H.P. (2015) Diagnóstico e análise das causas de aditivos contratuais de prazo e valor em obras de edificações em uma instituição pública. [manuscrito]. xii, 159 f., enc.:il.

e-volution
Sua biblioteca conectada com o futuro

A Biblioteca do futuro chegou!

Conheça o e-volution: a biblioteca virtual multimídia da Elsevier para o aprendizado inteligente, que oferece uma experiência completa de ensino e aprendizagem a todos os usuários.

Conteúdo Confiável
Consagrados títulos Elsevier nas áreas de humanas, exatas e saúde.

Uma experiência muito além do e-book
Amplo conteúdo multimídia que inclui vídeos, animações, banco de imagens para download, testes com perguntas e respostas e muito mais.

Interativo
Realce o conteúdo, faça anotações virtuais e marcações de página. Compartilhe informações por e-mail e redes sociais.

Prático
Aplicativo para acesso mobile e download ilimitado de e-books que permite acesso a qualquer hora e em qualquer lugar.

www.elsevier.com.br/evolution

Para mais informações consulte o(a) bibliotecário(a) de sua instituição.

Empowering Knowledge　　　　　　　　　　　　　　**ELSEVIER**